Merle Kulenkampff

Alles nur aus Liebe

Merle Kulenkampff

ALLES NUR AUS LIEBE

Mein Leben für die Tiere

Aufgezeichnet
von Senta Ziegler

Amalthea

Die Tiere und Bewohner des Amselhofes
sind Ihnen für Ihre Unterstützung dankbar.

Der Tierschutzverein Amselhof nimmt jede Spende gerne entgegen:
Raiffeisenbank Thayatal-Mitte, Kontonummer 7 674, BLZ 32127

Wir danken für Ihre Hilfe.

Bildnachweis:
S. 88 und S. 194 Senta Ziegler, sonstige Privatarchiv Merle Kulenkampff

Besuchen Sie uns im Internet unter
www.amalthea.at

Schutzumschlaggestaltung: Kurt Hamtil, verlagsbüro wien
Umschlagabbildung: © Mascha Kulenkampff, Senta Ziegler
Herstellung: studio e, Josef Embacher
Gesetzt aus der 12/15 pt Berkeley
Gedruckt in der EU

ISBN 978-3-85002-613-0

In Erinnerung an meine Eltern

Möge Licht und Liebe und Kraft
den Plan auf Erden
wieder herstellen.

Aus einem Gebet des tibetischen Meisters Djwhal Khul

Blume des Lebens

Inhalt

DER AMSELHOF IM WALDVIERTEL

ALLE MEINE TIERE

ABSCHIEDE AM AMSELHOF

DIE HEILENDEN KRÄFTE DER NATUR

Vorwort

Ich wurde Merle genannt, das ist der französische Name für Amsel. Wenn das keine Bestimmung ist! Ich bin die Tochter des unvergessenen Hans-Joachim Kulenkampff, Fernsehlegende der allerersten Stunde. Kuli, mein Vater, war der König der TV-Unterhaltung, der wortgewandte Moderator der Samstagabend-Quizshow »Einer wird gewinnen«, damals *der* Familienpflichttermin im noch jungen Fernsehen. Seine Sendungen brachten Zuseherquoten, wie dies heute nur noch die Endspiel-Übertragungen bei den Fußball-Weltmeisterschaften schaffen. Er war gebildet, charmant, spontan, schlagfertig, plauderte, wie ihm der Schnabel gewachsen war, und ließ auch den einen oder anderen politischen Seitenhieb nicht aus. Er mochte zwar das Theater mehr als das Fernsehen, was bedeutete, dass er lieber den Hamlet auf irgendeiner Bühne gespielt hätte als den »EWG«-Quizmaster der ARD. Jedenfalls aber liebte er das Rampenlicht und war als Schauspieler wie als Mensch überaus beeindruckend und erfolgreich.

Man sagt, ich sehe meinem Vater verblüffend ähnlich. Schon von weitem wäre ich als seine Tochter zu erkennen: große Statur, lautes Gehabe. Betrete ich einen Raum, bleibt das nicht unbemerkt. Gleich geht es los mit Getöse. Ich bin ebenso wenig wie mein Vater ein leiser Mensch. Gerne machte ich mich früher auf Kosten anderer lustig, wie es auch seine Art gewesen ist. Heute bin ich nicht mehr so spöttisch, weil ich erkannt habe, wie verletzend dies sein kann.

Eine seiner hervorragenden Eigenschaften bestand darin, sich über sich selber lustig zu machen und immer direkt und schonungslos die Wahrheit zu sagen oder zumindest seine Meinung, klar und kompromisslos. Da bin ich ihm sehr ähnlich.

Aber es gibt zwischen uns auch große Unterschiede und Gegensätze. Ich habe einen gänzlich anderen Lebensweg gewählt als er. Mit Bühne, Medien und überhaupt der Öffentlichkeit kam ich bisher wenig in Berührung. Ich lebe ziemlich zurückgezogen im Waldviertel auf einem Bauernhof, den ich zu einem Tierasyl ausgebaut habe. Bei uns leben dauerhaft an die 150 Tiere: jene, die ich vor dem Schlachthof gerettet habe und die einen schönen Lebensabend bei uns genießen, andere, die man mir in Kost und Quartier übergeben hat und später nie mehr abgeholt wurden, solche, die uns zugelaufen sind, und wieder andere, die ich einfach lieblosen Menschen abgekauft habe, als ich sah, dass es ihnen nicht gut ging.

Mein Vater, der im Wesentlichen nur zu Hunden eine herzliche Beziehung pflegte, stand der von mir gewählten Beschäftigung mit Tieren liebevoll gegenüber, aber mit Distanz. Er ließ mich von Kind an gewähren und hat mich in all meinem Tun immer unterstützt. Sein unumstößlicher Glaubenssatz war: »Es ist mir egal, was meine Kinder einmal machen, Hauptsache, sie werden gute Menschen.« Ich denke, diesen Wunsch werden mein Bruder und ich ihm wohl erfüllt haben.

Kai-Joachim, mein um zehn Jahre jüngerer Bruder, ist heute als Radiologe Oberarzt im Krankenhaus Wien-Lainz, und ich führe seit 1982 meinen »Amselhof« als Asyl für Tiere und Menschen. Denn nicht nur Vierbeiner, sondern auch Zweibeiner finden bei mir Unterschlupf, Nestwärme und Zuwendung, wenn sie aus irgendeinem Grund in Not geraten sind oder Erholung brauchen.

Immer wieder kommen Kinder zum Reiten zu mir. Bis zu vier, fünf Kinder können bequem auf einmal in der Reithalle lernen. Ich biete schon den Vierjährigen Kurse an, wenn ihre Eltern mit ihnen am Amselhof Urlaub machen wollen. Ab dem zehnten Lebensjahr können sie auch alleine kommen.

Wenn mein Vater mich so am Bauernhof schuften und von früh bis spät die vielen Tiere füttern und gesund pflegen sah, bemerkte er oft: »Merle, du arbeitest wie ein Vieh und hast doch nie Geld. Deshalb unterstütze ich dich!« Er hat mir, solange er lebte, finanziell immer unter die Arme gegriffen. Ihm und meiner Mutter Traudl verdanke ich alles. Deshalb widme ich dieses Buch vor allem ihrem Andenken. Meine Eltern sind tot, aber sie sind immer bei mir.

Im Sommer 2007 feierte mein Hof das 25-jährige Jubiläum. Ein kleines Kulenkampff-Museum ist in dem Häuschen eingerichtet, das sich meine Eltern neben meinem

Hof für ihre letzten Lebensjahre gekauft hatten. Es ist eine Erinnerungsstätte mit Originalmöbeln, Bildern, Filmen, Videos und anderen Andenken vor allem an meinen Vater, damit jene Menschen, für die »Kuli« nicht vergessen ist, Gelegenheit haben, die Erinnerung an ihn aufzufrischen.

Es braucht nicht extra erwähnt zu werden, dass alle Einnahmen aus diesem Buch ausschließlich in meinen Amselhof fließen, um Futter für meine Pferde, Kühe, Schafe, Katzen, Hühner, Hunde, Vögel und Ziegen zu kaufen, die meine Schützlinge und meine Freunde sind – bis in den Tod. Ich möchte sie alle so liebevoll bis zum Sterben begleiten, wie dies für uns Lebewesen möglich ist. Und ich möchte aufzeigen, was wir, die sogenannten Herren der Schöpfung, von den übrigen Lebewesen, auf die wir meist nur überheblich herabblicken, lernen können.

Jede finanzielle Unterstützung ist mir dabei willkommen. Ich sage Ihnen schon jetzt im Namen der Tiere herzlichen Dank.

Merle Kulenkampff
Mostbach, Februar 2008

KINDHEIT, LEHR- UND WANDER-JAHRE

Die Geschichte meiner Familie

Mein Vater ist also Hans Joachim »Kuli« Kulenkampff, der am 27. April 1921 in Bremen zur Welt kam. Er war Sohn einer wohlhabenden Kaufmannsfamilie. Einer seiner Großväter war Kapellmeister am Fürstenhof in Baden-Baden. Meine Mutter, Gertraud »Traudl« Schwarz-Kutscher, wurde am 8. März 1922 in Wien geboren. Der Vater meiner Mutter war Notar in Wien, später in Linz. Ihre Mutter stammte aus vermögendem Haus.

Sowohl mein Vater wie auch meine Mutter waren ausgebildete Schauspieler. Sie lernten einander nach dem Zweiten Weltkrieg, in dem mein Vater am Russlandfeldzug teilgenommen und in britische Kriegsgefangenschaft geraten war, im »Theater am Zoo« in Frankfurt kennen. Sie heirateten am 11. Mai 1948, als sie sich nur acht Tage kannten. Es war die große Liebe.

Ich kam am 16. November 1949 in Kronberg im Taunus zur Welt. Meine Eltern wohnten dort zuerst sehr bescheiden im Mansardenzimmer eines Einfamilienhauses in Untermiete, in dem es allmählich zu eng wurde. In Ermangelung eines eigenen Bettes habe ich die ersten zwei Jahre meines Lebens in einem Koffer geschlafen. Da mein Vater aber von Berufs wegen ohnehin meist bis drei Uhr früh abwesend war, konnte ich zuerst bei meiner Mutter im Bett einschlafen. Dann kam ich in den Koffer.

Als ich zwei Jahre alt war, bezogen wir in Sachsenhausen, Frankfurt, eine Sozialwohnung. Mein erster Bruder, Till Joachim Marius, genannt Burli, kam 1952 zur Welt. Er war der innigste Spielgefährte meiner frühen Kindheit. Unser Vater arbeitete damals bei Radio Frankfurt. Seine legendäre Sendung hieß »Fröhlicher Wecker« und ging jeden Morgen um sechs Uhr früh über den Äther. Selbstverständlich hörten wir dieser Sendung immer aufmerksam zu und sangen die Kennmelodie »Guten Morgen, guten Morgen« jedes Mal fröhlich mit. Noch in unseren Betten kugelnd, waren wir von Papis Stimme zwischen all der Musik begeistert.

Mein Vater spielte zu dieser Zeit vor allem an dem von Fritz Rémond geleiteten »Theater am Zoo«. Meine Mutter hat die Schauspielerei für uns Kinder aufgegeben, aber sie nahm mich häufig zu seinen Proben mit, wobei mich die Tiere rund um dieses Theater weit mehr interessierten als das Geschehen auf der Bühne.

Schon wenn man sich dem Theater näherte, konnte man Flamingos in ihren Teichen Spalier stehen sehen. Sie

gehörten zu dem von Bernhard Grzimek geleiteten, weithin berühmten Tiergarten. Während Papa probte, lief ich im Zoo umher und schloss Freundschaft mit den Tieren. Professor Grzimek und sein Sohn Michael wurden unsere Freunde fürs Leben. Mein Vater und Grzimek senior haben Michael und mich schon als künftiges Zoodirektorenpaar gesehen, was durchaus meinen Kindheitswünschen entsprach: Erstens war der fesche Michael ohnehin mein Schwarm und zweitens wollte ich von Kindheit an einen Zoo oder eine Tierstation leiten, wozu es dann ja auf meinem Amselhof im Waldviertel auch tatsächlich gekommen ist. Aber bis dahin sollte noch viel Zeit vergehen.

Mein erster tragischer Verlust

Als wir als glückliche Familie noch in Frankfurt lebten, verbrachten wir jeden Sommer ein halbes Jahr im Sommerhaus der Eltern meiner Mutter in Frauenstein, das in Oberösterreich zwischen Steyr und Kirchdorf an der Krems liegt. Meine Großeltern lebten damals nicht mehr in Wien, sondern waren nach Linz gezogen.

Eine dieser Reisen nach Frauenstein wurde zur ersten Tragödie meines Lebens: Mein kleiner Bruder starb vor meinen Augen. Er war knapp vier Jahre alt. Ich war sechs.

Meine Mutter chauffierte den kleinen Steyr-Puch, im Auto war auch der Hund. Wir waren aus Frankfurt auf dem Weg nach Frauenstein, wollten aber in München bei meiner Zöllner-Oma Halt machen, der Mutter von Mamis erstem Mann Rolf, der im Krieg gefallen war. Bei Ulm hielten wir, um zu tanken. Ich saß hinten rechts, Burli neben mir links. An der Tankstelle meinte mein Bruder: »Es ist Zeit, dass wir Platz wechseln.« Wir taten es. Nun saß er rechts und ich links. Zurück auf der Autobahn wollte meine Mutter einen Lastwagen überholen. Das wurde uns zum Verhängnis. Der Lastwagen drängte unser kleines Auto so brutal ab, dass wir uns als Folge des seitlichen Stoßes mehrmals überschlugen und nach mehreren Metern erst auf der anderen Autobahnseite zum Stehen kamen. Weder meine Mutter noch ich waren verletzt, auch nicht unser Hund. Nur mein geliebter kleiner Bruder war aus dem Auto geschleudert worden. Das Stoffdach des kleinen Wagens war auf seiner Seite aufgegangen. Er war mit dem Kopf auf der Straße aufgekommen und war auf der Stelle tot. Das geschah am 12. Juli 1956. Ich muss heute noch weinen, wenn ich daran denke.

Ich bin überzeugt, es war eine Schicksalsfügung. Denn mein Bruder hatte noch gesagt: »Ich hab euch alle so lieb!«, als ob er es gewusst hätte. Wir brachten den Leichnam nach Frauenstein, wo mein unvergessener kleiner Bruder begraben wurde.

Meine Mutter hat diesen Verlust nie verkraftet, sie hat begonnen, ihre Gedanken, Gefühle und Erlebnisse niederzuschreiben, hat Unmengen von Tagebüchern gefüllt.

Mein Vater begann zu schnitzen und zu formen. Er hat plötzlich Steine behauen, Wurzeln geschnitzt und sich überhaupt noch mehr in seine Arbeit gestürzt. Er moderierte seine Fernsehsendungen und spielte viele Komödien auf diversen deutschen Bühnen.

Burlis Tod war für mich der größte Verlust meines

Lebens. Aber ich bin an diesem Schmerz auch gewachsen. Ich habe dadurch begonnen, mich mit kosmischen Fügungen, mit dem Schicksal und seiner Bedeutung zu beschäftigen. In mir war immer schon eine deutliche Ahnung, dass es noch mehr geben müsse als das, was man sehen kann. Ich wähnte Zwerge und Elfen rund um mich, brachte ihnen Brot zu essen und meine Mutter unterstütze diesen Glauben an ein »anderes Sein«. Sie machte sich nie darüber lustig. Ich bin sicher, sie teilte diesen Glauben mit mir.

Unsere vielen Übersiedlungen

Von Sachsenhausen übersiedelten wir nach Neu-Grünwald bei München. Mein zweiter Bruder, Kai Joachim Daniel, kam dort am 1. Jänner 1959 zur Welt. Er ist also zehn Jahre jünger als ich. Ich war bei dem freudigen Ereignis nicht dabei. Denn ich kam, um das Baby nicht mit meinem Keuchhusten anzustecken, nach Linz zur Oma.

Die erste Sendung, die mein Vater um diese Zeit für das junge Fernsehen moderierte, war aus dem Hörfunkquiz »Sieben auf einen Streich« hervorgegangen, das für die Kamera adaptiert wurde.

Aber mich interessierte etwas Anderes: In der Nähe von Neu-Grünwald gab es eine kleine Reitschule, die Menterschweige hieß. Da begann mein Glück auf dem Rücken der Pferde. Ich war sieben Jahre alt. Von Grünwald zogen wir nach Grafrath bei Fürstenfeldbruck in das erste eigene

Haus. Zu meinem zehnten Geburtstag schenkten meine Eltern mir meine erste kleine Stute, Susi.

Dreieinhalb Jahre später übersiedelten wir nach St. Wolfgang in Oberösterreich, in ein Haus, das früher schon einmal von Hans Habe gemietet worden war. Dort blieben wir auch nur zweieinhalb Jahre. Von dort zogen wir nach Morzg in Salzburg. Ich war damals ungefähr fünfzehn Jahre alt.

Als meine Eltern ihr selbst gebautes Haus in Seeham am Obertrumersee bei Salzburg bezogen, war ich siebzehn, achtzehn Jahre alt. Meine Mutter hatte die gesamte Planung und Bauaufsicht inne, denn sie hatte Architektur studiert. Dort haben meine Eltern bis zum Tod meines Vaters am 14. August 1998 gewohnt.

Wie ich zur Tierschützerin wurde

Ich glaube, man *wird* nicht zur Tierschützerin, sondern man kommt als solche zur Welt. Ich bin mir sicher, dass ich geboren wurde, um Tiere zu beschützen, zu retten und ihnen das Leben zu erleichtern. Dies empfand ich von Anfang an als meine Berufung. Schon als kleines Kind war es für mich selbstverständlich, mich für Tiere einzusetzen, egal ob für große wie Pferde, Schafe, Kühe oder kleine wie Regenwürmer, Fliegen oder Schnecken. Ich umgab mich nicht mit Teddys und Plüschtieren, sondern immer schon mit kleinen und kleinsten Lebewesen. Freilich war es schöner mit Tieren zu kuscheln, die sich warm und weich anfühlten, wie zum Beispiel kleine Nager und kleine Vögel. Aber auch Insekten, Würmer und Spinnen ließ ich stets andächtig in meinen Handflächen krabbeln.

Dabei war es anfangs gar nicht so leicht, Tiere in unserem Zuhause zu halten. Zu Beginn wohnten wir ja am Stadtrand von Frankfurt in einer geräumigen Sozialwohnung, die keinen Garten hatte. Fünf Minuten von uns entfernt lag jedoch der Stadtwald, der zu unserem ersten Paradies wurde. Jeden Tag fuhr meine Mutter mit uns dort hinaus. Sie saß auf dem Sattel des Fahrrads, mein damals noch quietschmunterer Bruder Burli saß vorne im Korb, ich hinten auf dem Gepäckträger und unser Hund Donkey lief nebenher. Wir waren glückselig. Im Wald wateten wir knöcheltief im Laub, sammelten Kastanien für den Förster, spielten im Schatten großer Laubbäume, bastelten mit Stöcken, Blättern, Zapfen und Rinden. Meine Mutter brachte uns Respekt vor all diesen kleinen Naturwundern bei.

Die Sommer verbrachten wir jedes Jahr in Frauenstein mitten in der Natur, bei Oma und Opa, den Eltern meiner Mutter. Schon als kleines Mädchen hatte ich den Ruf einer unverbesserlichen Tierschützerin, sodass verwundete Schlangen, kleine Hasen und sogar Rehe, die von den Bauern beim Mähen mit ihren Sensen verletzt worden waren, zu mir gebracht wurden. Ich war schon immer von dem Wunsch beseelt, Tieren zu helfen. Das ging so weit, dass ich, wenn wir mit den Bauern auf ihren Leiterwägen aufs Feld hinausfuhren, vorne auf dem Ochsen saß und ihm mit einem Zweig die Fliegen von den Augen wegwedelte.

Einmal in der Woche kam der Bäcker zum Haus meiner Großeltern, er hatte zwei Schimmel vor seinen Wagen gespannt. Pferde waren damals noch eine Seltenheit bei den Bauern, weshalb ich mich über die Rösser ganz besonders freute. Das übliche Zugtier auf dem Land war der Ochs. Während meine Großeltern beim Bäcker einkauften, durfte ich die Pferde streicheln und mit Zucker füttern.

Damals fühlte ich mich sehr einsam in meiner Tierliebe. Den Bauernbuben wurde selten Respekt vor Natur und Kreatur beigebracht. Sie rissen den Fliegen die Beine aus, ließen kleine Hasen absichtlich vom Arm fallen, sodass diese ganz verdreht und verschreckt auf dem Boden landeten. Den Buben war dieses Kleinviehzeug lästig. Ich hingegen betrachtete es von klein auf als meine Aufgabe, meinen Spielgefährten Liebe und Anerkennung für Tiere beizubringen. Immer wieder drohte ich: »Ihr werdet schon sehen, eines Tages wird ein großer Daumen vom Himmel herunterkommen und euch so zerdrücken wie ihr jetzt die Fliegen!« Mit solch drastischen Worten versuchte ich schon damals meine kleine Welt in Ordnung zu bringen, wie ich glaube, manchmal sogar mit Erfolg.

Aufregung auf dem Bauernmarkt

Natur- und Tierschutz, wie wir ihn heute verstehen, war früher auf dem Land nicht üblich. Mir jedoch war er eine angeborene und von meiner Mutter auch unterstützte Selbstverständlichkeit. Ich habe mir damit nicht immer nur Freunde geschaffen.

Ich war ungefähr drei Jahre alt, so erzählte mir meine

Mutter, als sie mich einmal zum Bauernmarkt mitnahm, der jeden Freitag in der Nähe unserer Wohnung stattfand. Gemüse, Fleisch, Käse und Blumen gab es da zu bewundern. Er war bunt, laut und lustig. Allerdings war da auch ein Fleischer, der Tiere jeglicher Art feilbot, lebende und tote. Gänse und Hühner schnatterten ängstlich in ihren viel zu kleinen Käfigen. Lämmer und Hasen lagen leblos auf seiner Budel. Beim Anblick des für mich rohen Mannes soll ich aus der Bibel zitiert haben: »Was du dem geringsten meiner Brüder antust, das tust du auch mir an.«

Es war mir gelungen, für Aufsehen zu sorgen! Wütend schrie daraufhin der Mann meine Mutter an, sie möge dieses unmögliche Kind nie wieder auf den Markt mitbringen.

Meine Mutter erzog mich im christlichen Glauben, ihre besondere Liebe zu Jesus prägte mich. Jesus war für mich immer eine Leitfigur, wie ein großer Bruder oder ein guter Freund. Selbst in meiner rebellischen Teenagerzeit fand meine Mutter immer wieder Wege, mir ethische Grundsätze zu vermitteln. Sie brachte mir den Sinn von Gewaltlosigkeit sowie die Kraft der Liebe nahe. Ich habe verstanden, dass man durch Gewalt gar nichts erreicht, durch Liebe aber sehr viel. Ich bin überzeugt, dass hinter allem Existierenden, hinter jedem Individuum, jedem Tier, jedem Baum, jedem Busch, jedem Stein ein Schöpfungsplan steckt und ein jedes mit einer Aufgabe auf diese Welt kommt. Selbst das Böse hat seinen Sinn, nämlich den Widerpart des Guten darzustellen.

Es ist mir ein Anliegen, anderen zu erzählen, wie schön die Natur ist, welch ein Wunder geschieht, wenn sich zum Beispiel ein Samenkorn in eine Pflanze verwandelt, wie faszinierend das Schauspiel ist, wenn der Wind die Wolken vor sich hertreibt oder wenn die Sterne am Himmel aufgehen.

Meine Lebensaufgabe sehe ich darin, das Bewusstsein meiner Mitmenschen dafür zu schärfen, unserer Mutter Erde mit Respekt und Ehrfurcht zu begegnen, nicht nur den Menschen, sondern die Verantwortung für das Leben als Ganzes zu übernehmen. Ich will meine Mitmenschen anregen, die Welt nicht nur zu benutzen, sondern sich als Teil von ihr zu erleben.

Mein Pakt mit den Tieren

Ich verhielt mich Tieren gegenüber schon immer anders als die anderen. Wenn Buben bei unseren Spielen im Wald mit ihren Stöcken Ameisenhaufen zerstörten, so versuchte ich jedes Mal, diese wieder aufzubauen. Dabei bin ich übrigens nie von einer Ameise gebissen worden.

Auch wenn sich Gelsen im Raum befinden, werde ich ganz selten gestochen. Beim Segeln, der Lieblingsfreizeitbeschäftigung meines Vaters, machten uns die Moskitos das Vergnügen zur Qual. In allen Geschäften bot man die unglaublichsten Gegenmittel zum Kauf an: übel riechende Kerzen, stinkende Salben zum Einreiben, Sprays zum Verpesten der Luft. Dieses Abwehrzeug verwendete auch meine Familie ausgiebig vor dem Einschlafen. Am nächsten Morgen war dennoch jeder zerstochen. Vor allem mein Bruder war ein willkommenes Opfer der Gelsenmeute. Nur ich, die sich nicht eingesprayt, eingecremt und eingeräuchert hatte, blieb verschont. Die einzige Gegenmaßnahme, auf die ich schwor und heute noch schwöre, ist Knoblauch. Aber auch davon hatte ich nicht unbedingt mehr gegessen als die anderen.

Dasselbe ereignete sich beim Frühstück im Freien. Wenn wir beisammen saßen und uns Marmelade aufs Brot strichen, fehlten auch bald Bienen und Wespen nicht. Was war das immer für ein Getue! Ich reagierte völlig gelassen. Fiel einer der Brummer ins Marmelade- oder Honigglas, holte ich ihn seelenruhig mit dem Finger heraus, setzte ihn mir auf den Arm, damit erst einmal Honig oder Marmelade von ihm abtropfen konnten. Mein Vater war außerstande, meinem Treiben ruhig zuzusehen: »Die werden dich stechen!«, wetterte er ängstlich und ärgerlich. Doch ich war sicher, dass diese kleinen Tiere erst einmal genug damit zu tun hatten, sich zu erholen, sodass sie gar nicht imstande waren, mir weh zu tun. Mein Credo war und ist: Wenn ich gut bin zu Tieren, werde ich von ihnen nicht verletzt. Kam es trotzdem einmal anders, dann war ich überzeugt, dass *ich* etwas falsch gemacht haben musste, nicht das Tier: Entweder hatte ich zu wenig Geduld aufgebracht oder zu wenig auf die Signale der Tiere geachtet.

Ja, ich glaube, ich hatte schon immer einen eigenen Pakt mit den Tieren.

Meine Leidenschaft – das Reiten

Ich war sieben, als ich zu reiten begann. Ich wäre gerne schon geritten, als ich zwei war, da übernahm jedoch noch kein Reitlehrer die Verantwortung.

Die Reitschule in Menterschweige besaß eine kleine Halle. Ein drahtiger Rittmeister namens Gerlach, der mit 84 Jahren noch wunderbar im Sattel saß, leitete sie. Ich liebte ihn. Vor der ersten Reitstunde fragte er mich: »Willst du reiten lernen, nur weil es schick ist?« Meine Mutter antwortete, dass es mir »natürlich um die Pferde« ginge. Da wurde gerade ein schöner, brauner, gesattelter Wallach vorgeführt, der auf den Namen Rolf hörte. So hieß der erste Mann meiner Mutter. Wir glaubten an solche Fügungen und Zeichen.

Man nahm daraufhin den Sattel von dem großen Tier, legte ihm ein einfaches Halfter an und ich wurde auf seinen Rücken gehoben. Alles, was ich mir je gewünscht hatte, war nun Wirklichkeit geworden: Ich saß auf dem Rücken eines Pferdes. Solange es nur im Schritt ging, war ich im Himmel. Als das Pferd zu traben begann, war mir schon nicht mehr so lustig zumute. Und als das Pferd plötzlich angaloppierte, bekam ich richtig Angst. Ich klammerte mich in der Mähne fest und schrie: »Halt, halt!« Man hob mich herunter.

Als meine Mutter zurückkam, versteckte ich mich hinter ihrem Rücken und rief: »Nie, nie wieder!« Am nächsten Tag war ich jedoch wieder im Reitstall. Und diesmal durfte ich mit Sattel reiten. Da fühlte ich mich stark und erwachsen, und meine Liebe zur Reiterei war besiegelt.

In meiner fünften Reitstunde wagte ich meinen ersten

Ausritt und wurde vom Pferd nach kurzer Zeit abgeworfen. Unglücklicherweise blieb ich dabei mit dem Fuß im Bügel hängen und das Pferd schleifte mich eine Weile über den Wiesenboden, bis es von selbst stehen blieb und ich wieder aufsteigen konnte. Nichts war passiert.

Einmal begleitete mich die Mutter meines Vaters in den Reitstall. Weil schönes Wetter war, durften wir auf dem offenen Reitplatz üben. Eine halbe Stunde später zog ein Gewitter auf und unser Rittmeister meinte: »Hören wir lieber auf, die Pferde sind schon ziemlich unruhig.« Die meisten Pferde fürchten nämlich Gewitter. Wir ritten in Richtung Stall, als es gewaltig donnerte. Mein Schimmel Lotte war so erschrocken, dass er aufstieg und eine Weile auf seinen Hinterbeinen verharrte. Ich rutschte über sein Hinterteil ab und knallte mit Rücken und Kopf direkt auf eine Betonplatte. Wie ein Käfer lag ich bewusstlos auf dem Boden. Ich hatte meine erste Gehirnerschütterung. Als ich wieder zu mir kam, sah ich meine Oma, die sich über mich beugte. Meine ersten Worte waren: »Erzähl bloß der Mami nichts!« Dieses Versprechen hat sie gehalten, sie war in meiner Kindheit diejenige, der man alles anvertrauen konnte. Sie hat mich nie verraten.

Der Turnunterricht in der Schule hat mir nie Spaß gemacht. Oft gebrauchte ich Rückenschmerzen als Ausrede, um nicht mitturnen zu müssen. Als ich zehn Jahre alt war, teilte die Lehrerin meiner Mutter mit, sie möge doch mit mir zum Arzt gehen und die ständigen Rückenschmerzen untersuchen lassen. Ein Röntgenarzt stellte dann tatsächlich fest, dass sich alle meine Wirbel verschoben hatten. Durch die schwere Stallarbeit, das viele Kübelschleppen und vor allem das stundenlange Reiten auf den diversen Pferdecamps hatte ich ernste Probleme mit der

Wirbelsäule bekommen. Ich musste für drei Monate in ein Gipskorsett gepackt werden. Obwohl es mir streng verboten war, bin ich aber sogar mit Gips geritten. So vernarrt war ich ins Reiten.

Susi, mein erstes eigenes Pferd

In Grafrath bekam ich mit zehn Jahren mein erstes eigenes Pferd, eine einjährige Stute aus dem Zirkus, die alles andere als gutmütig war. Als Erstes schlug sie aus, traf meinen Vater am Knie und biss Mami in die Brust. Ich erkannte, dass es ein sehr ängstliches Pferd war. Es sah auch alt und klapprig aus, obwohl es noch jung war und noch alle Milchzähne hatte. Jeder war schockiert, wie ein Pferd nur so zugerichtet werden konnte! Alle haben sich daraufhin mit mir gemeinsam bemüht, es wieder aufzupäppeln. Ich nannte es Susi.

Susi ist mit uns von Grafrath an den Wolfgangsee gezogen, dann weiter nach Morzg in Salzburg, wo sie tagsüber bei uns auf der Koppel und nachts beim Bauern im Stall stand. Danach übersiedelte sie mit uns nach Seeham am Obertrumersee, wo meine Eltern 1965/66 neben dem neuen Haus gleichzeitig einen Stall für Susi bauen ließen. Als mein Vater 1967 mit dem Stück »Ein Spiel im Schloss« von Franz Molnar in Israel auf Tournee ging, waren wir mit ihm ganze vier Wochen unterwegs. Mein Pferd kam in der Zwischenzeit zu einem befreundeten Bauern auf den Hof. Dort verliebte sich Borri, der Wallach von Walter, dem Sohn des Bauern, in meine Susi, worauf wir die beiden nach unserer Rückkehr nicht mehr trennen wollten. Susi blieb beim Bauern, was sich günstig traf, denn auch Walter und ich hatten uns in der Zwischenzeit verliebt. So hatte ich ausreichend Anlass, mich dort oft zum Reiten blicken zu lassen.

»Wenn ein stolzer Reiter kommt ...«

Wie es zu meiner Pferdeliebe gekommen ist? Das hat seine Gründe: Als meine Mutter jung war, ritt auch sie, vorwiegend im Tattersaal in München. Sie war Wienerin, hat aber in München Architektur studiert, weil ihr erster Mann Rolf Münchner war – und ein leidenschaftlicher Reiter.

In Erinnerung an Rolf förderte Mami meine Liebe zu den Pferden. Dazu erzählte sie mir immer folgende Episode: Rolf war bei der Kavallerie. Eines Tages kam er beim Haus seiner Eltern in München mit zwei Pferden angeritten und lud meine Mutter ein: »Traudl, komm, wir reiten aus!« Meine Mutter fürchtete sich aber so sehr, dass sie sich nicht auf das riesengroße Pferd hinaufwagte. Darüber war Rolf so betrübt, dass er mit seinen zwei Pferden unverrichteter Dinge abzog. Deshalb hatte sich meine Mutter geschworen, sollte sie jemals eine Tochter haben, müsse diese unbedingt reiten lernen. Sollte jemals ein stolzer Reitersmann vorbeikommen, würde sie ihm über Wiesen und Wälder hinweg mutig in die weite Welt folgen können. So wurde Mamis Tochter, nämlich ich, zwar wunschgemäß zur tollkühnen Reiterin ausgebildet, leider ist aber nie der richtige Ritter des Weges gekommen.

Auch mein Vater hat im königlich bayrischen Staatsgestüt Achselschwang bei Utting am Ammersee, zwanzig Minuten von unserem Haus in Grafrath entfernt, insgesamt acht Reitstunden genommen, zwei auf der Stute Florida und sechs auf Erika. Mit der Ausrede, bei seinem Beruf könne er sich einen so gefährlichen Sport nicht leisten, war seine Reitkarriere jedoch alsbald wieder beendet. Auch Mami hat damals wieder Stunden genommen, brachte es aber zu keiner großen Meisterschaft. Sie liebte Pferde und tat es mir zuliebe, stellte sich aber noch ungeschickter an als mein Vater.

Eklat im Hummer-Restaurant

Neben seiner sportlichen Leidenschaft, dem Segeln, war mein Vater auch ein begeisterter Angler. Häufig ging er mit Kollegen zum Fischen. Er nahm uns Kinder gerne mit, zumindest bis etwa zu meinem fünften Lebensjahr.

Die Szene war immer die gleiche: Was die Fischer fingen, landete sofort in einem Kübel zur Aufbewahrung. Sobald jedoch ein Fisch in einem Behältnis gelandet war, kam ich angerannt und beförderte den Gefangenen zurück ins Wasser. Freilich habe ich mich damit nicht beliebt gemacht. Die Kollegen wollten mit meinem Vater daraufhin nur mehr angeln, wenn er mich zu Hause ließ.

Auf unseren Fahrten mit dem Segelschiff von einem Hafen zum nächsten habe ich auch die kleinen Tiere, die von Fischern in ihren Netzen gefangen und zum Trocknen ausgelegt wurden, immer wieder ins Wasser zurückgeworfen. Da lagen Seesterne und Seeigel, die sich die Touristen gerne als Erinnerung mit nach Hause genommen hätten. Ich habe ihnen diese Freude verdorben und würde es heute wieder tun.

Später, als Teenager, habe ich aus Rücksicht auf meinen berühmten Vater auf viele Verrücktheiten verzichtet, die ich gerne begangen hätte. Die Zeitungen hätten jegliche kleine Verfehlung aufgebauscht und es hätte ihm geschadet. Als wir in Salzburg wohnten, habe ich ihm nicht, wie viele Kinder prominenter Eltern, Probleme mit Drogen beschert. Drogen waren weder für mich noch für meinen Bruder Kai jemals ein Thema.

Andere Eklats konnte ich meinem Daddy aber leider nicht ersparen, solche nämlich, bei denen es um die Verteidigung von Tieren ging. Wenn ich abwägen musste, was für mich als 15-Jährige das höhere Gut war, das Wohl der Tiere oder der gute Ruf meines Vaters, war die Entscheidung gefallen.

Eines Tages gingen wir in Hamburg in ein Nobelrestaurant, das für seine Spezialitäten wie Hummer, Langusten, Austern und Schnecken berühmt war. Meine Eltern liebten Meeresfrüchte in allen Variationen und fanden daran nichts Verwerfliches. Für mich aber war dieses Lokal der Inbegriff einer Tragödie. Rund um mich befanden sich Pelze tragende, Austern schlürfende, Hummer knackende Menschen. Schon für gewöhnlich fühlte ich mich in der »High Society« nicht wohl, diesmal konnte ich mich aber nicht beherrschen und schilderte meinen Eltern während des gesamten Essens den Leidensweg dieser armen Tiere von der Freiheit bis auf den Teller in allen erbarmungswürdigen Details. Ich hatte damals schon alle Bücher der großen Tier- und Verhaltensforscher wie Konrad Lorenz, Heinz Sielmann und Vitus B. Droescher gelesen und wusste, dass Schnecken in Sandkisten gehalten werden, damit sie auf der rauen Unterlage ihre Schleimproduktion verlieren, und dass sie ausgehungert werden, ehe sie lebend in heißes Wasser geworfen werden, und dass Hummer tagelang mit zusammengebundenen Scheren in Glasbehältern gehalten werden, ehe sie, noch lebendig, in kochendes Wasser gelegt werden, in dem sie erst nach weiteren zwanzig qualvollen Minuten sterben. Ich war sehr aufgeregt und redete immer lauter.

Auch als mein Vater versuchte, mir den Mund zu verbieten, stellte ich meine lautstarken Proteste nicht ein. Da griff er zu seinem Notfall-Erziehungsritual, das meist ganz gut funktionierte: Wenn ich ihn zur Weißglut brachte, und das geschah nicht selten, verschränkte er beide Hände ostentativ am Rücken, um sich daran zu hindern, mir eine Ohrfeige zu verpassen. Weil ich sonst, wie er zu sagen pflegte, ins Krankenhaus gebracht werden müsste, so fest würde die Backpfeife ausfallen. Für gewöhnlich genügte diese Geste, und ich drehte mich um und lief davon, meistens zu meinen Pferden.

Diesmal aber hatte ich mich bereits derart in einen Wirbel geredet, dass es kein Zurück mehr gab. Als Erbe meiner Schauspieler-Eltern habe auch ich eine sehr kräftige Stimme und war bis in die hintersten Winkel des Lokals zu vernehmen. Der Eklat war perfekt. Bevor mich der Direktor, der sich bereits mit seinen Kellnern postiert hatte, hinauswerfen konnte, hatte dies mein Vater getan. Vor Zorn stampfend und wutschnaubend harrte ich vor dem Lokal aus. Ich fühlte mich unverstanden, aber auch als Heldin!

So habe ich mich übrigens in meinem Leben immer wieder gefühlt: unverstanden, aber doch im Recht.

Die Tiere meiner Kindheit

Von klein auf war ich von Tieren umgeben. Während mein Bruder Kai für Technik schwärmte und sich Fernrohre, Mikroskope und Fotoapparate wünschte, hatten es mir Schildkröten, Hasen, Hühner, Pferde und Gänse angetan. Schon in der Wohnung hatten wir eine Schildkröte, einen Hund und eine Katze. Als wir aber aufs Land zogen, gab es kein Halten mehr. Mami liebte Tiere ebenso wie ich. Auch mein Vater mochte sie, obwohl ihm sein jeweiliger Hund immer am liebsten war. Zuerst war es Donkey, ein Airdale-Terrier; dann ein belgischer Schäferhund namens Lumi (Lumi bedeutet auf Finnisch »Schneeflocke«), der nun zwar rotbraun, als Baby aber weiß gewesen war. Nach Lumi kam Mascha, ein Berner Sennenhund ins Haus, danach ein Golden Retriever mit Namen Lenny, nach Leonard Bernstein benannt.

Meine Menagerie störte meinen Vater nie, er war ja auch selten zu Hause, sondern meist auf Tournee, drehte Filme oder moderierte Fernsehshows. Die Samstagabendshow EWG („Einer wird gewinnen"), eine der erfolgreichsten Fernsehshows überhaupt, lief von 1964 bis 1969 einmal im Monat. Dann hatte mein Vater vorerst genug davon, wurde aber 1979 zu einem Comeback überredet, das so grandios ausfiel, dass er in der Folge weitere 82 Mal die im gesamten deutschsprachigen Raum erfolgreiche TV-Quiz-Show moderierte. Erst 1987 wurde sie eingestellt.

Ich erinnere mich nicht, dass mein Vater gegen die vielen Tiere im Haus protestiert hätte. Bei der Pflege geholfen hat er aber auch nicht.

Zu unseren diversen Häusern auf dem Land gehörten

immer auch Ställe dazu, in denen die Tiere in der Nacht gut aufgehoben waren. Am Tag liefen die Gänse und Hühner frei umher, die Hasen tummelten sich in einem großen Gehege. Der Garten wurde jedes Mal redlich aufgeteilt, ein Teil gehörte den Tieren, wo es alsbald kein Gras mehr gab – die Hühner hatten rasch alles aufgepickt. Der Teil, der an die Terrasse angrenzte, blieb jedoch uns Menschen vorbehalten. Da konnten wir, für die Tiere unerreichbar, Blumen und Sträucher anpflanzen.

Unter der Woche hat Mami sich um die Tiere gekümmert, am Wochenende und an schulfreien Tagen musste ich den Stall ausmisten und die Tiere füttern. Ich tat es immer mit Freude.

Mein Liebling war stets das Pferd. Susi war meine Freundin. Wenn es mir schlecht ging, schwang ich mich in den Sattel und ritt davon. Wenn mein Vater mit mir schimpfte, wozu sich hin und wieder die Gelegenheit bot, war immer ein Tier mein Tröster. Ein Pferd ist ein überaus geduldiges Wesen. Du stehst neben ihm, Tränen rinnen dir die Wangen hinunter, das Pferd bleibt geduldig stehen, als verstünde es dich. Hunde sind nicht so belastbar, vor allem, wenn dein Schmerz länger anhält. Sie laufen vor negativen Energien davon und reagieren ängstlich. Katzen kommen ohnehin nur dann zu dir, wenn sie etwas wollen. Wenn du etwas von ihnen willst, kann es passieren, dass du noch einen Tatzenhieb abbekommst, wenn du ihnen zu nahe trittst.

Ein »Ben Hur der Tiere«

Ich habe mich nicht nur mit Worten, sondern auch körperlich immer wieder für Tiere eingesetzt. Als wir am Ammersee in Grafrath in Bayern wohnten – ich war erst zehn Jahre alt – eröffnete eine junge Frau in der Nähe von uns einen Reitstall. Sie fütterte die Pferde schlecht und behandelte sie roh, sodass ich vor ihr warnte. Diese Negativwerbung kam ihr zu Ohren, sodass sie mich eines Tages um sieben Uhr früh auf meinem Schulweg abpasste. Ich fuhr mit dem Fahrrad, sie schnitt mir den Weg ab und stellte mich zur Rede. Ich stieg vom Fahrrad und gab alles zu, worauf sie brutal mit ihren Fäusten auf mich einschlug. Ich wehrte mich nicht, denn kurz zuvor hatte ich den Film Ben Hur mit Charlton Heston gesehen, der mich sehr beeindruckt hatte. Dieser zu Unrecht von den Römern auf die Galeere geschickte jüdische Rebell hat immer für andere seinen Rücken hingehalten, und das wollte ich ihm gleichtun. Ich hielt mein Fahrrad fest und ließ mich verprügeln, mit dem stolzen Gedanken, ein Held zu sein wie Ben Hur.

Als sie von mir abließ, sagte ich »Danke«, setzte mich aufs Rad und fuhr zum Bahnhof, von wo aus ich wie gewöhnlich den Zug zur Schule nahm. Der Mann am Kiosk sah mich und rief sofort meine Mutter an, so zerschunden und verschwollen sah ich aus. Besorgt fragte er, was denn mit mir los sei. Er bekam keine Antwort. Der Zug fuhr ab. In der Schule passierte das Nämliche, man informierte meine Mutter. Da aber mein Vater nicht zu Hause war und meine Mutter nach dem Tod meines Bruders nicht mehr Auto fuhr, konnte mich keiner abholen. So stieg ich nach der Schule wieder in den Zug, setzte mich in der Station erneut aufs Fahrrad und kam zu Hause zum Mittagessen an. Ich tat so, als sei nichts geschehen. Meine Mutter fragte, was es denn gegeben hätte, ich aber wollte nichts verraten. Da holte sie einen Spiegel und hielt ihn mir vors Gesicht. Jetzt endlich sah ich, wie ich zugerichtet war: Meine Nase war doppelt so breit als normal, die Lippen aufgeplatzt und blutig, die Wangen hochrot, das Gesicht verschwollen und auf der Brust und den Armen hatte ich blaue Flecken. Ich sah aus wie jemand, der einen Boxkampf verloren hat. Da musste ich alles gestehen. Meine Mutter zeigte die Reitstallbesitzerin an. Im darauf folgenden Prozess gab sie an, sie lasse sich ihren Ruf nicht von einem zehnjährigen Mädchen ruinieren!

»Sie macht sich nur wichtig!«

Gegen seelische Verwundungen war ich aber auch nicht gefeit, als ich größer war und mich wehren konnte. Besonders kränkte mich der Vorwurf, mich nur deshalb für Tiere einzusetzen, weil ich mich wichtig machen wollte. Sogar Verletzungen würde ich für diese Wichtigtuerei in Kauf nehmen, hieß es, was natürlich nicht stimmte. Ich habe mich bei einem Tier, das ich retten wollte, nur dann verletzt, wenn dieses schon in Panik geraten war. Ich habe dabei aber nie an mich gedacht. Durch ein schreckhaftes Pferd, das sich nicht reiten lassen wollte, erlitt ich eine Gehirnprellung, als es mich abwarf. Ein anderes Mal trat mir ein Pferd nach einem Sturz auf den Kopf und ich erlitt eine leichte Gehirnquetschung. Kaum ein Knochen, der nicht schon einmal gebrochen war, fast alle Rippen und beide Arme waren schon entzwei. Mein rechtes Bein brach ich mir, als ich einem Pferd nachlief. Dabei fiel ich genau in das Loch, vor dem ich das Pferd bewahren wollte. Am linken Bein habe ich mir die Achillessehne gerissen, als ich wieder einmal an einem Bügel hängen blieb und mich das Pferd einige Meter weit nachzog.

Meine Motive bleiben die gleichen: Liebe und Fürsorge.

Mein Werdegang zwischen Pferden und Keramik

Ebenso bewegt wie die Wohnodyssee meiner Familie war meine Schulkarriere. Ich habe insgesamt elf Schulen besucht, mit sechzehn das Gymnasium verlassen und ging auf die Kunstschule nach Linz, wo ich Freie Grafik studierte. Nach dem Abschluss mit achtzehn widmete ich mich der Bildhauerei. Bei Hanna Koller, einer Bildhauerin in Seeham, die viele Kirchen mit Türen und Fenstern versehen hat, lernte ich modellieren.

Doch meine Liebe zu den Pferden ließ mich nie los. Ich unterbrach die Bildhauerei und absolvierte eine Ausbildung als Gestütswart und Bereiterin auf einem Rennpferdegestüt in Westfalen, in dem der legendäre vielfache Goldmedaillengewinner Hans Günter Winkler Mitglied war. Seine mehrfach preisgekrönte Stute Halla war eines der Pferde, die ich pflegen und auf die Koppel bringen durfte. Es war das distanzierteste Pferd, das ich in meinem Leben kennen gelernt habe. Bei Menschen würde man sagen, die Person sei arrogant, für ein Tier trifft dieser Ausdruck nicht zu. Ein Tier bildet sich nicht ein, besser zu sein als andere. Es gibt keine Hochmütigkeit bei Tieren. Es gibt kein »Ich-bin-besser-als-du!« Diesen Dünkel haben nur wir Menschen.

Ich setzte mich oft zu Halla in die Stallbox, auf einen Strohballen und las. Ich ließ dem Tier die Wahl: »Du kommst oder du kommst nicht zu mir, mir ist beides recht.« Und siehe da, nach einer Weile näherte sich mir diese stolze, preisgekrönte Diva, um mich zu beschnuppern und mir ins Ohr zu prusten. Ich lernte daraus, dass Geduld das richtige Rezept ist – denn auf die Neugier der Tiere kann man sich verlassen.

Auf diesem Gestüt habe ich aber leider auch erfahren müssen, wie Pferde behandelt werden, wenn sie keine erstklassigen Rennen mehr laufen können. Mein Arbeitsbereich war die Pflege der Stuten mit Fohlen. Eines Tages bekam ein Fohlen eine Kolik. Ein Tierarzt befand, diesem Fohlen könne nicht mehr geholfen werden. Ich konnte es nicht glauben und habe das Fohlen die ganze Nacht gestreichelt. Ich gab ihm den Namen Mohrli und blieb bei ihm, bis es tatsächlich starb. Ich vergoss heiße Tränen um dieses kleine Tier. Mein Chef aber meinte: »Man beweint kein Pferd, sondern nur das Geld, das man dabei verloren hat.« Zur Abhärtung musste ich auch noch zusehen, wie dieses tote Fohlen, aufgehängt auf einem Kran, abtransportiert wurde.

Nachdem ich zwei Monate im Hauptstall mitgearbeitet hatte, wurde ich in die Krankenstation der Tiere, die zwei

Kilometer vom Hauptgestüt entfernt lag, versetzt. Jeden Morgen wanderte ich in Begleitung von zwei Hunden durch den Wald zu meinen Schützlingen, großteils Rennpferden mit Sehnenproblemen.

Ich hatte damals schon begonnen, Kräutersäfte zu mischen. Ich sammelte Pflanzen im Wald, hatte einen Kocher und stellte selber Kräutersalben her. Ich reinigte die Beine der Pferde mit Malventee, trug die Salben mit sauberen, weißen Tüchern auf die Wunde auf und umwickelte sie mit Bandagen. Auch dem Futter mischte ich Kräuter bei. Pferde, von denen man meinte, sie würden nie mehr richtig gehen können, wurden auf diese Weise wieder fit. Sie konnten alle wieder zurück auf die Rennbahn, obwohl dies nicht mein vorrangiges Ziel gewesen war. Ich hatte nur ihre Schmerzen lindern wollen. Ich liebte die Tiere um ihrer selbst willen und nicht, weil sie Geld einbrachten.

Einmal starb eine Mutterstute bei der Geburt ihres Fohlens. Als ich den Stallbesitzer fragte, ob ich zu dem Fohlen in den Stall ziehen dürfe, lachte er mich aus und meinte: »Wenn du dem Fohlen ein paar Mal die Flasche gibst, reicht das auch.« Es hat natürlich nicht gereicht, denn alle kleinen Lebewesen brauchen Schutz, Liebe und Zärtlichkeit. Das Fohlen hat nur drei Tage überlebt. Es vermisste die Liebe und die Fürsorge der Mutter. Denn Pferdemütter stellen sich wie eine Glocke über das Kleine. Dem Fohlen haben das Abgeschlecktwerden und die Zwiesprache gefehlt.

Ich war nie eine Freundin von Pferdewettrennen. Ich habe begriffen, dass es in einem Rennstall nur um Geld geht – bis heute. Wenn ein Tier nichts mehr bringt, muss es weg.

Auch ich ging dann fort von diesem Gestüt und kam in einen Trakehner-Zuchtstall in Hörstein bei Aschaffenburg. Da waren zauberhafte Pferde, ein sympathischer Lehrling, Resi, die mit mir lernte, und ein liebenswürdiger Gestütsmeister, Herr Michaelis. Das einzige Problem war unser Reitlehrer und Lehrherr, der ein Choleriker war.

Der Stall stand auf einem Weinberg und war für Pferde absolut ungeeignet, die Boxen waren gekachelt und um die Koppeln herum standen Rosensträucher, die nicht beschädigt werden durften. Und dies bei Pferden! Die Stallungen waren am Hang so angeordnet, dass bei starkem Regen alles überschwemmt wurde. Heute ist, Gott sei Dank, alles neu ausgebaut und funktioniert wunderbar.

Mit zweiundzwanzig Jahren war ich diplomierter Gestütswart. Ich lernte damals viel über und rund ums Pferd. Auch habe ich etwas Wesentliches begriffen: Auf der einen Seite werden Pferde bei Rennen des Gewinnes wegen enorm ausgebeutet, auf der anderen Seite behandelt man sie wie Porzellanfiguren, gerade weil sie so kostbar sind. Die eine wie auch die andere Behandlung ist nicht artgerecht. Selten sehen die Besitzer ihre Tiere als Freunde, mit denen man einfach nur Spaß haben kann. Nach dieser beklemmenden Erkenntnis kehrte ich wieder zur Kunst zurück.

Auf der Burg Tittmoning in Niederbayern arbeitete ich bei zwei wunderbaren, mehrfach ausgezeichneten Keramikerinnen, Ida Erdös, einer Ungarin, und Ilse Ludwig, einer Deutschen. Dort lernte ich keramisches Modellieren. Ich blieb ein Dreivierteljahr, dann schickten sie mich mit besten Empfehlungen zur weiteren Perfektionierung auf die Fachhochschule für Keramik und Ofenbau in Landshut. In diese Schule ging ich gerne, vor allem, weil ich dort

jeden Abend reiten konnte. Mein Lieblingsreitlehrer wohnte dort, er trug den passenden Namen Gaull. Er war in Achselschwang seit meiner Kindheit mein Lehrer. Ich hatte nun beides: meine geliebte Keramik und meine geliebten Pferde.

Nach zwei Jahren erhielt ich mein Diplom als Geselle für Keramik. Danach wählte ich die Freiheit, ich ging nach Lich bei Giessen in die »Dippe-Mühle«, eine alte Mühle, die zu einer Keramikwerkstatt umgebaut worden war. Bei Ursula Engerth arbeitete ich zwei Jahre als Geselle. Dort konnte ich nun alles, was ich in der Schule gelernt hatte, in die Praxis umsetzen.

Eine Boa in meinem BH

Auch Tiere musste ich dort nicht vermissen: In der Dippe-Mühle lebte ein junges Mädchen mit Boas. Immer wenn sie wegfuhr, suchte sie jemanden, der sich um diese Riesenschlangen kümmerte. Eines Tages bat sie mich, sie fünf Tage zu versorgen. Aber ich hatte ein Problem: Diese Wesen waren mit Küken und Vögeln zu füttern. Ich konnte keine anderen Tiere töten, nur um den Schlangen zu fressen zu geben. Erst, als jemand anderer sie fütterte, konnte ich mich um sie kümmern.

Als das Mädchen wieder einmal fortfuhr, zog ich in ihre Hütte. Ab jetzt lebten Boas um mich, krochen über mich und schliefen bei mir im Bett. Sie waren so niedlich, denn es waren lauter Babys, erst eineinhalb Meter lang. Die kleinste liebte meinen Busen, sie kroch immer wieder in meinen BH. Sie fühlte sich weder nass noch glitschig an, sondern wie Seide. Die Schlangen hatten keine Angst vor Menschen, sie folgten uns sogar auf unseren Spaziergängen.

Boas beißen nicht und bringen niemanden wahllos um. Ich liebe Schlangen und habe auch schon Kreuzottern großgezogen. Kreuzottern sind wichtig, sie fressen Unmengen von unliebsamen Insekten, Mäusen und schädlichen Nagern. Ich bin versehentlich schon auf Kreuzottern draufgetreten und sie haben mich nicht gebissen.

Sollte dies trotz allem geschehen, dann weiß auch ich nur den einen Rat: sofort zum Arzt, um ein Gegengift gespritzt zu bekommen.

Aus dem Trubel in die Einsamkeit

Unser Haus in Grafrath stand mittlerweile leer. Als wir nach Österreich übersiedelten, blieb die Mutter meines Vaters, die bis dahin immer bei uns gewohnt hatte, dort in Bayern. Nach ihrem Tod, ich war sechzehn Jahre alt, wurde das Haus vermietet. Als ich sechsundzwanzig war und die letzten Mieter auszogen, fragte mich meine Mutter, ob ich dort einziehen und mir eine Keramikwerkstätte einrichten wollte.

Damals lebte ich in Giessen in einer Wohngemeinschaft – wir sind gerade in den wilden Siebzigern! Jeden Tag habe ich für mindestens 20 bis 25 Leute gekocht. Das Kochen brachte ich mir selbst bei. Dazu habe ich mir in Restaurants vieles abgeschaut, bei jeder Speise versuchte ich, das Aroma und die Zutaten herauszuschmecken und habe mir diese dann vom Koch bestätigen lassen. Zu Hause versuchte ich für meine WG-Genossen und Freunde alles nachzukochen. Wir waren zumeist sechs WGler, dazu kamen ihre Partner sowie Freunde und Freundesfreunde. Kochen hat mir immer Spaß gemacht. Von »Forelle Blau« bis Spargel mit Sauce Hollandaise habe ich alles ausprobiert, auch das Raffinierteste habe ich mir angeeignet.

Nun verließ ich die WG und übersiedelte nach Grafrath, wo ich mir eine Keramikwerkstätte einrichtete. Nach Giessen war die Übersiedlung noch einfach gewesen: Da hatten in einem kleinen VW-Käfer, in dem statt Rücksitzen eine Platte montiert war, Matratze, Bettzeug und Bücher noch ausreichend Platz. Zum Übersiedeln nach Grafrath benötigte ich schon einen kleinen Möbel-Transporter, denn zu meiner Matratze waren nun ein Kasten und einige Schachteln Bücher dazugekommen.

Mittlerweile war ich auch Besitzerin eines Katers, denn eines Tages hatte einer der WGler fünf pechschwarze Babykatzen aus Marokko mitgebracht, die unter uns aufgeteilt wurden. Mir blieb der wildeste Kater, den ich Fritz the Cat nannte. Fritz war von klein auf ein wilder Teufel. Jeden Abend kam er mit mir in die Kneipe, wo ich als Kellnerin arbeitete, um Geld dazuzuverdienen. Fritz saß die ganze Zeit am Tresen, und wenn mir ein Kerl zu nahe kam, verpasste ihm Fritz eine Ohrfeige. Er war mein Bodyguard. Bei mir aber war er sanft, sodass ziemlich klar war, dass dieser 20-Kilo-Brocken schließlich mir bleiben würde.

Nach dem Trubel in der WG empfand ich die Ruhe als sehr angenehm. Ein Hund, eine Katze, ein offener Kamin, ein Buch, eine richtige Idylle. Ich richtete meine Werkstatt ein, modellierte und veranstaltete auch einige Ausstellungen. Es war in jeder Hinsicht eine fruchtbare Zeit: Die Tiere vermehrten sich beständig, in kurzer Zeit gesellten sich Katzen und Hunde zu uns, ich nahm neue Tiere bei mir auf, darunter eine Ziege und ein Pferd, den Wallach Sandy. Ich kaufte ihn einem Fleischhauer aus Salzburg ab. Auf ihm konnte ich reiten, sodass wir bald wie ein kleiner Wanderzoo durch die Gegend zogen: Sehr bequem bin ich auf Sandy durch den Wald von Grafrath gestreift, neben mir Ziege Mecki und Hund Mira. Nur Kater Fritz leistete uns nicht lange Gesellschaft. Er war faul und kehrte meist schon früher wieder um.

Leider kam es auch zu weniger idyllischen Szenen, die meine armen Nachbarn gelegentlich auf eine harte Probe stellten.

An einem Sonntag – ich hatte die Tiere wie immer um

sechs Uhr früh gefüttert – legte ich mich noch einmal ins Bett. Gegen neun Uhr wachte ich auf, weil es plötzlich so unheimlich ruhig geworden war. Kein Kater tapste in meinem Bett herum, kein Pferd trampelte unter dem Fenster, keine Ziege meckerte, kein Hund bellte. Das war verdächtig. Ich schaute vom Balkon hinunter und bemerkte mit Schrecken, dass das Haustor offen stand. Meine Bremer Stadtmusikanten hatten sich also alleine auf einen Sonntagsspaziergang begeben. Schnell zog ich mich an und rannte die Treppe hinunter. Draußen sah ich, dass die Spuren nach links führten und nach ungefähr 300 Metern erblickte ich meine Lieben, die es sich mittlerweile schon im Garten meines Nachbarn, des einarmigen Postboten Riedl, bequem gemacht hatten. Er war ein Mann, der auf seinen Rasen und seine Blumen stolz und heikel war. Nun trampelte auf seiner Rasenpracht mein Pferd, die Ziege verspeiste die wunderbaren Rosen und mein Hund jagte seine Katzen quer durch den Garten. Nur Kater Fritz saß wie immer faul auf einer Mauer und überblickte das Geschehen gelangweilt. Bequem hatte er sich in einer wunderschönen, prachtvoll mit Pelargonien bepflanzten Steinschüssel niedergelassen. Briefträger Riedl war mit seiner Frau schon herbeigerannt, beide schauten ziemlich verzweifelt drein. Mir war auch nicht gerade zum Scherzen zumute, obwohl die Szenerie tierisch komisch war. Laut rief ich nach meinen Tieren, die auch sofort herbeikamen, und wir trotteten gemeinsam nach Hause.

Wie konnte ich den Schaden gut machen? Am darauf folgenden Tag kaufte ich in einer Gärtnerei einen großen Strauß Gladiolen und brachte ihn abends zerknirscht zu Herrn und Frau Riedl. Am nächsten Abend stand mein lieber Nachbar mit einer Flasche Wein und zwei Gläsern eingelegter Pflaumen vor der Tür, um sich nun seinerseits für die wunderbaren Gladiolen zu bedanken. Dadurch fühlte wiederum ich mich veranlasst, am folgenden Tag ein paar Rosenstöcke zu kaufen, als Ersatz für die von meiner Ziege abgefressenen. Dies wiederum war für den Postboten Grund genug, sich am nächsten Tag mit einigen Gläsern frisch eingekochter Ribiselmarmelade zu bedanken. Ein kabarettistisches Nachspiel.

Der Hund Bastian

Es klingt eigenartig, aber Tiere vermehrten sich bei mir ganz von selbst. Ich meine damit nicht, dass sie sich auf natürliche Art fortpflanzten, sondern dass die Menagerie auf höchst seltsame Weise ständig wuchs.

Noch in Grafrath erhielt ich zum Kater Fritz zwei Katzenbabys dazu. Jemand hatte sie im Regen unter einem Auto gefunden und mir gebracht. Ich nannte die beiden Mamuschka und Papuschka.

Eines Tages erschien ein weiß gefleckter Dalmatiner, ein Jagdhund, der von seinem Zuhause weggelaufen war. Er tauchte bei uns auf und traf alle Anstalten, bei uns zu bleiben. Ich taufte ihn Bastian. Ich fand heraus, wo der Hund tatsächlich herstammte und verständigte die Besitzer. Erstaunlicherweise war dies den Leuten ziemlich egal. »Ja, ja, der spaziert immer frei umher, er wird schon wieder nach Hause kommen«, meinten sie beiläufig. Er ist aber nicht wieder nach Hause gegangen.

Einmal habe ich ihn persönlich zu seinen Besitzern zurückgebracht. Doch am nächsten Tag war er schon wieder bei uns. Der Besitzer meinte noch, ich müsse aufpassen, er sei ein Katzenkiller und töte mit Vorliebe kleine Katzen.

Daraufhin erklärte ich Bastian ganz entschieden: »Wenn du dich für uns entschieden hast und bleiben möchtest, dann musst du dich mit den Katzen anfreunden!« Er blickte mich mit seinen goldgelben Augen fragend an, er musste jedoch an meiner Stimme gemerkt haben, dass ich nicht spaßte, und hat sich an meine Ermahnung gehalten. Er hat nie eine meiner Katzen angegriffen.

Auch meine Katzen hatten verstanden. Von diesem Tag an sah man die beiden mit hoch erhobenen Schwänzen in Bastians Schatten dahinschlendern. Sie wichen keinen Schritt von seiner Seite und fühlten sich mächtig und überlegen. Bastian dagegen merkte man deutlich an, dass es ihm peinlich war, nicht mehr jagen und erlegen zu dürfen.

Hund und Katzen freundeten sich an. Als die kleine Mamuschka ihre ersten Jungen bekam, stand Bastian neben ihrem Korb und sah dem freudigen Ereignis aufgeregt zu. Wenn Mamuschka einmal keine Lust hatte, bei ihren Kleinen zu sein, legte sich Bastian immer wieder in den Korb und passte auf die Babys auf. Er ließ sich von ihnen beißen und zupfen, war geduldig und liebenswürdig und hat mein Gebot mehr als erfüllt. Die Moral dieser Geschichte: Veränderungen durch Liebe sind immer möglich.

Mein Sohn Marius

Aber nicht nur meine Tiere vermehrten sich, sondern auch für mich wurde es Zeit, an Nachwuchs zu denken. Ich war siebenundzwanzig Jahre alt und fand einen Freund, der zum Vater meiner zwei Kinder wurde. Klaus Schmid stammt aus Grafrath und ist heute noch mein männlicher Lebensmensch. Er hat ein eigenes Geschäft und ist Handelskaufmann für Sportartikel mit Schwerpunkt Bergwandern und Skifahren. Er entwirft eigene Zelte, Schlafsäcke und Jacken für Bergsteiger. »Greywolf« ist seine Marke. Wir lernten einander kennen und lebten dann ein knappes Jahr miteinander, wir waren nie verlobt, nie verheiratet sondern immer nur gut befreundet, bis heute.

Nachdem ich wusste, dass ich einen Jungen auf die Welt bringen würde, war für mich klar, dass er Marius heißen sollte – Marius, der Mann vom Meer. Seine weiteren Namen lauten Niklas, der Volksbeherrscher, Florian, der Schutzpatron für Feuer, und Daniel aus der Löwengrube. Mein Sohn Marius Niklas Florian Daniel kam im Juli 1977 zur Welt und bereicherte von nun an mein Leben.

Als er ein Jahr alt war, beschloss ich, nach Österreich zurückzuziehen. Meine Mutter wollte ihren Enkel regelmäßig sehen und fand in ihrer Nähe in Obertrum ein gemütliches Haus am See. Nun hieß es wieder Abschied von der Einsamkeit nehmen und hinein in den Trubel eines Touristenzentrums. Diesmal übersiedelte ich mit noch schwererem Gepäck. Abgesehen davon, dass wir schon zwei große Lastwagen für Möbel und Hausrat brauchten, waren diesmal ein Kind, ein Pferd, eine Ziege, eine hochträchtige Hündin und sechs Katzen dabei.

Für mein Pferd Sandy und meine Ziege Mecki gab es in zwei Kilometer Entfernung auf einer Anhöhe einen schönen Stall mit Koppel bei einem sehr lieben Bauern. Die Katzen und der Hund zogen zu uns ins Haus. Die Wohnstätte war ideal, die Räume waren gut eingeteilt. Im Erdgeschoss lagen die Werkstätte und ein Ausstellungsraum für meine Keramik, in der Mitte befand sich unsere Wohnung und unterm Dach war noch Platz für einige Gästezimmer.

Eine weiße Frau bei Vollmond

An dem neuen Wohnort in Obertrum kam es gleich zu Beginn zu seltsamen Vorkommnissen. Mitten in der Nacht, wenige Stunden, nachdem wir übermüdet angekommen und gleich zur Ruhe gegangen waren, klingelte es an der Tür. Ich wusste in dem neuen Haus nicht gleich, wo ich mich befand. Ich brauchte eine Weile, um mich zurechtzufinden. Ich öffnete die Tür, sah zuerst den Vollmond und dann eine unbekannte Frau. Aufgeregt schilderte sie, dass ein Pferd und eine Ziege auf der Hauptstraße in den Ort hineinmarschierten. Ich schnappte mir, noch immer reichlich verwirrt, ein Halfter und lief in die Nacht hinaus, im langen weißen Nachthemd, mit langem zerrauftem Haar. In Grafrath, wo ich allein auf weiter Flur lebte, wäre meine Aufmachung niemandem aufgefallen, aber in Obertrum – es war Sommer und Hochsaison – waren zu dieser späten Stunde noch viele Menschen unterwegs. Alle Augenblicke fragte ich einen der Nachtschwärmer: »Haben Sie ein Pferd und eine Ziege gesehen?« Man schwieg entweder betreten oder grinste unverschämt. Zum Glück rief niemand die Polizei oder die Psychiatrie an, um mich mit der Zwangsjacke abzuholen. Mein Anblick gab einige Rätsel auf: eine herumschwirrende weiße Frau, barfuß, bei Vollmond! Wie lustig es gewesen wäre, wenn sie herausgefunden hätten, dass Kulenkampffs Tochter des Nachts den Mond anheult!

Da fiel mir ein, dass es hinter dem Gasthof Neumayer einen aufgelassenen Pferdestall gab. Rasch lief ich hin und wirklich, hier stand Sandy, der mir glücklich entgegenwieherte. Das Tier war dem Geruch der Pferde gefolgt, die einmal in diesem Stall untergebracht waren. Und die Ziege war dem Pferd gefolgt.

Schlagartig wurde mir bewusst, dass diese groteske Vollmondeinlage eher eine Suche der Tiere nach mir als umgekehrt gewesen war. Denn für das Pferd und die Ziege war es das erste Mal nach drei Jahren, dass sie abends alleine in ihre Box geschickt wurden, in einen Stall, der völlig einsam stand. Es war ganz anders als in Grafrath, wo der Stall gleich neben dem Wohnhaus lag und die Tiere meine Nähe unmittelbar gespürt hatten. Ich beschloss, die erste Nacht bei den Tieren im ungewohnten Stall zu verbringen. Denn es verwirrt auch sie, wenn man sie aus ihrer vertrauten Umgebung herausreißt.

Nachdem wir uns alle gefunden hatten, ging es im Gänsemarsch den ganzen Weg zurück. Das war ein Spektakel. Autos hupten, Passanten winkten und johlten, wir wurden für eine mitternächtliche Touristenattraktion gehalten. Zuerst trabte die Ziege, es folgte das Pferd, dahinter kam ich und schließlich der Jagdhund jener Frau, die mir die Nachricht überbracht und mir ihren Hund zu meinem Schutz überlassen hatte. Denn meine trächtige Hündin Mira musste in der Zwischenzeit meinen einjährigen Sohn im Schlaf bewachen.

Drei Tage nach diesem Ereignis bekam meine Hündin Mira neun Welpen, alles Rüden. Es begann eine turbulente Zeit. Erst wenn alle Babys – meines eingeschlossen – endlich eingeschlafen waren, hatte ich Zeit, in der Werkstatt zu arbeiten. Und ich arbeitete viel, am neuen Ort, für neue Kunden.

Ich war also wieder in heimatlichen Gefilden und vieles war mir vertraut. Ich traf mich mit alten Freunden aus der Schulzeit, ging abends aus und hatte für das Kind die Oma gleich nebenan. Ich genoss auch die Rückkehr in die gesellschaftliche und kulturelle Szene. In Grafrath hatte ich sie doch mehr vermisst, als mir bewusst gewesen war.

Vier Monate nach dem Einzug starb mein Pferd Sandy an einem Herzschlag. Ich war so traurig, dass ich nur einen Gedanken hatte: nie wieder ein Pferd! Der Schmerz, es zu verlieren, war zu groß. Doch wie heißt es doch? Sag niemals nie!

In diesem Tief kam mein Vater zu mir und gab mir das folgenschwere Versprechen: »Wenn du jemals wieder bereit bist, für ein Pferd alles zu geben, auf Freizeit und Urlaub zu verzichten, wirklich voll und ganz in Liebe für dieses Pferd aufzugehen, dann ruf mich an!« Er war sehr lieb und zeigte viel Mitgefühl und Verständnis.

Natürlich wollte ich den Kontakt zu Pferden nicht verlieren, und so ging ich wieder in die Reitschule nach Grünberg, Seekirchen, zu meinem Freund Walter. Walter war der Bauernbub von damals, zu dem ich meine Susi vor der Reise nach Israel in den Stall gestellt hatte. Heute besitzt er eine große Reitschule bei Seekirchen am Wallersee, ist verheiratet, hat mittlerweile erwachsene Söhne und ist vielfacher Landesmeister im Vielseitigkeitsreiten.

Meine Lebenspferde Mimi und Majeure

Zwei Jahre nach Sandys Tod war es dann so weit: Ich lernte die Stute Mimose kennen, die ich später Mimi rief. Es war Liebe auf den ersten Blick. Sie stand bei Walter im Schulstall, er hatte sie gerade aus Tschechien bekommen. Eine Anglo-Araberstute, vierjährig, fuchsfarben, bildschön und klug, veränderte mein Leben. Mit ihr kam meine alte Kindersehnsucht nach einem Bauernhof aus dem Unterbewusstsein an die Oberfläche. Somit war es Zeit, das von Väterchen gegebene Versprechen einzulösen.

Meine Eltern waren gerade in Schweden segeln. Ich rief sie an, erzählte von Mimi und mein Vater stimmte dem Kauf zu. Drei Wochen später kaufte er mir das Pferd um 40 000 Schilling – das teuerste Pferd meines Lebens.

Mimose habe ich sie deshalb genannt, weil sie immer beleidigt war, wenn ich mich auch um andere Pferde kümmerte. In Walters Reitstall mistete ich die Boxen aus, putzte und sattelte die Schulpferde, nur damit Mimi dort gratis eingestellt bleiben konnte. Kurze Zeit später verliebte sich Mimose in diesem Stall in einen großen braunen fünfjährigen Wallach namens Majeure, der meiner Freundin Gitti gehörte. Zwei schwierige junge Pferde, die so gut wie nicht ausgebildet waren, bedeuteten viel Verantwortung, die ich aber freudig auf mich genommen habe. Um die beiden gut auszubilden, brachten meine Freundin und ich die Pferde in einen Privatstall.

DER AMSELHOF IM WALDVIERTEL

»Bitte, bitte, einen eigenen Hof!«

Der Privatstall lag von meinem Haus in Obertrum sehr viel weiter weg als Walters Stall. Im Grunde genommen war es der riesige Zeitverlust des ständigen Hin- und Herfahrens – einmal hin und zurück zu den Pferden waren immerhin 70 Kilometer, die ich oft zweimal am Tag bewältigte, der in mir den Wunsch immer stärker werden ließ, einen eigenen Bauernhof zu besitzen, auf dem die Tiere bei mir ins Fenster schauen konnten.

Dazu kam der ewige Ärger mit der Gemeinde Obertrum und den lieben Nachbarn, weil mein Garten nicht ihren Wunschvorstellungen entsprach. Meine Hecke wuchs über den Straßenrand hinaus, sie wurde mir einmal sogar zwangsweise zurückgestutzt. Meine Balkonblumen waren nicht so üppig, wie es sich für einen Touristenort geziemte. Ich wollte mich nicht der Gartenphilosophie meiner Nachbarn unterordnen, die Blumen nicht frei in der Wiese, sondern nur in den Beeten gedeihen ließen. Ihr Rasen wurde wöchentlich gemäht, möglichst mit lauten und stinkenden Motoren, die Hecken brav und eckig gestutzt, ihre Rosen standen in Reih und Glied. Außerdem kläfften ihnen meine Hunde zu laut.

Auch spürte ich allmählich, dass mich diese Klatsch- und Tratschgesellschaft davon abhielt, das mir gemäße einfache Leben zu führen. Allmählich wurde mir bewusst, dass ich auch in Obertrum meine wahre Heimat nicht gefunden hatte.

Da kam genau zur rechten Zeit ein Brief von einer Frau aus Thaya im Waldviertel. Sie hatte eine kleine Galerie und lud mich ein, auf einem Bauernmarkt in ihrem Ort Keramik auszustellen. Der Brief kam genau richtig. Ich bat einen Freund, sich um meine Tiere zu kümmern, bepackte meinen Renault 4 mit Kisten und Körben voller Keramik und fuhr fröhlich singend in Richtung Waldviertel – und damit in die Zukunft.

Ab Weitra bekam ich Augen wie Dagobert Duck. Während bei ihm aber Geldsäcke in den Augen rotieren, waren es bei mir die Bauernhöfe, die meinen Blick zum Leuchten brachten. Da standen sie überall so, wie Bauernhöfe eben stehen müssen: rundherum viel Freiheit, Wald und Wiese. Das übte große Anziehungskraft auf mich aus und schlagartig wurde mir bewusst: Ich war reif fürs Waldviertel. Das war im Juli 1981.

Ich habe das Waldviertel zwar schon gekannt, es war mir jedoch noch nie so vertraut erschienen wie jetzt.

Auf dem Bauernmarkt lernte ich viele angenehme, gemütliche Leute kennen, in der Folge auch Dr. Joachim Angerer, den Abt von Stift Geras, der mich fragte, ob ich nicht bei seinen Handwerksseminaren Kursleiterin werden wollte. Ich stimmte zu und leitete im September in Geras Kurse für Keramik und Bildhauerei.

Meine zwei Pferde Mimi und Majeure hatte ich mitgenommen, denn dort gab es schöne Ställe und Koppeln für Wanderreiter. Die Kurse waren eine richtige Erholung für mich.

Dann kam eine Anfrage, ob ich Lust hätte, bei einer Weihnachtsausstellung in Heinreichs bei Waidhofen an der Thaya mitzumachen. Ich habe erneut zugesagt und bin abermals in diese wunderbare Landschaft gefahren, diesmal nur für ein Wochenende.

Im Mai 1982 eröffneten Wiens Bürgermeister Dr. Helmut Zilk und mein Vater meine Keramikausstellung im

»Salettl« in Wien-Hernals. Bei dieser Gelegenheit stellte mir der Veranstalter, Herr Falkner, folgende kryptische Frage: »Was wollen Sie eigentlich wirklich in Ihrem Leben?« Da habe ich zum ersten Mal klar und deutlich ausgesprochen, was schon lange in mir schlummerte: »Einen Bauernhof im Waldviertel!« Und die Suche begann.

Gemeinsam mit meiner Mutter, die ein großer Fan des Waldviertels war, zog ich los. Sie war im Krieg während ihres Arbeitsdienstes auf mehreren Bauernhöfen in der Zwettler Gegend im Einsatz gewesen und hat dort ihre Liebe zum Waldviertel entdeckt. Vom Kloster Zwettl aus wurde sie auf verschiedene Bauernhöfe der Umgebung geschickt. Sie erzählte, dass es für sie die schönste Zeit ihres Lebens gewesen war. Ihre Kolleginnen waren weniger begeistert, sie aber war über die Maßen glücklich und übertrug ihre Liebe zum Waldviertel wohl auf mich.

Wir haben uns mehrere Höfe angesehen, der eine war zu dunkel, der andere zu klein, der dritte zu verfallen. Auch Abt Angerer wurde angerufen: »Du lebst hier, du wirst doch wissen, wo es Höfe gibt!«, jammerten wir. Eine Stunde später rief er mich zurück: »Du, da steht ein Hof, der von außen sehr schön aussieht, schon sieben Jahre leer, der letzte Besitzer, ein gewisser Herr Riegler, hat den Hof seinen Nichten und Neffen vererbt, die aber alle ihre eigenen Höfe haben und diesen hergeben wollen. Nur die dazugehörenden Felder sind alle schon verkauft.«

Schon am nächsten Tag fuhr ich mit meinem Freund Klaus und unserem Sohn Marius, der mittlerweile fünf Jahre alt war, nach Mostbach, um den Hof anzuschauen. Es war Anfang Juni 1982. Das Vierkantgebäude war reichlich verwahrlost und heruntergekommen, der Verputz gänzlich abgeblättert, der Innenhof eine einzige Brennnes-

selwiese. Aber bei mir stellte sich urplötzlich Herzflattern ein. Der Hof hat mir spontan gefallen. Innerhalb von fünf Minuten habe ich ihn in Gedanken umgebaut und sah ihn fertig vor mir. Später wurde mir bewusst, dass ich schon als Kind immer wieder Bauernhöfe gezeichnet habe, die so aussahen wie dieses Geviert: Ein grünes Holztor führt in einen viereckigen Hof, in der Mitte steht ein Brunnen. Das niedrige, ebenerdige Wohnhaus füllt eine der vier Seiten. Links schließt im rechten Winkel eine große ebenerdige Werkstätte an die Einfahrt an, dahinter folgt auf derselben Seite noch eine kleine Scheune, in der heute meine Pferde untergebracht sind und die wir anfangs auch als Reithalle nutzten. An der dem Tor gegenüberliegenden Hofseite stehen kleine gemauerte Ställe, in denen jetzt meine Rinder, Ziegen, Schafe und Hühner untergebracht sind. Die vierte Seite zwischen Kuhstall und Wohnhaus bildet eine hohe

Mauer, die interessanterweise weiß gestrichen ist, nur die Nischenumrandungen sind blau – es sieht mediterran aus, wie eine griechische Hauswand. Nur in einem wich dieser Hof von meinen Kindheitsträumen ab: Meine gezeichneten Höfe lagen oben auf einem Berg. Dieser hier steht unten im Tal, ja sogar mitten in einem Dorf, unter Nachbarn: Mostbach 15, sechs Kilometer von Raabs an der Thaya, wenige Kilometer von der tschechischen Grenze entfernt. Besonders schön ist, dass dieses romantische, wie von der Welt und dem Tourismus vergessene, nur 70 Einwohner zählende Mostbach rundherum in Wiesen, Felder, Hügel und Wälder gebettet ist, friedlich, paradiesisch. Hier würden meine Pferde genügend Auslauf finden.

Warum das Waldviertel?

Die Reaktion meines Freundes Klaus war wenig ermunternd: »Du spinnst ja, warum willst du noch weiter weg von mir?« Denn er lebte in München und ich bisher bei Salzburg. »Und diese Einsamkeit hier, dieses Begrabensein am Ende der Welt!«, meckerte er.

Was mir die Leute alles prophezeit haben! Als ich in Salzburg vom Waldviertel erzählte, hieß es: »Nicht einmal begraben möchte ich dort sein!« Keiner glaubte, dass ich es dort länger als ein Jahr aushalten würde. Sogar die Waldviertler rieten mir ab: »Waaas? Von dem schönen Salzburg willst du zu uns in das armselige Waldviertel ziehen, was willst du denn da?«

Ich konnte nicht verstehen, dass sie es nicht von selbst begriffen. Das Waldviertel besitzt eine bezwingende Ehrlichkeit. Wenn hier die Sonne scheint, scheint sie so klar und stark wie nirgendwo sonst. Ich bin auf den Segeltouren mit meinen Eltern viel durch Europa gekommen – Irland, Schottland, Dänemark, Griechenland (mit Mami war ich in den heißen Gebieten; Papi konnte die Hitze nicht leiden, mit ihm war ich in den kühleren, nordischen Ländern) – im Waldviertel fand ich alle diese herrlichen und unterschiedlichen Landschaften wieder: die gelben Felder von Dänemark, die satten, grünen Wiesen von Irland, die steinigen Burgen von Schottland und, wenn ich auf einem heißen Stein liege, umgeben von knorrigen, duftenden Föhren und Grillengezirpe, mein Griechenland.

Viele meinen, das Waldviertel sei nur kalt und feucht. Das stimmt nicht. Es gibt hier viel weniger Niederschlag als zum Beispiel in Salzburg. Ich verstehe nicht, dass Filme übers Waldviertel weitgehend nur in Nebel und Düsternis gedreht werden. Am Obertrumersee habe ich weit mehr Nebel erlebt als im Waldviertel. Wenn es heiß ist, schwitzt man nie so wie in südlichen Gefilden. Hier gibt es keine Luftfeuchtigkeit wie in den asiatischen Regionen, obwohl die Sonne auch hier große Kraft entwickelt. Wenn man sich im Februar oder März in die Sonne setzt, spürt man bereits ihre enorme Kraft. Es ist dies eine völlig andere Sonnenkraft als in Italien, Israel oder Afrika. Bei uns ist die Luft noch rein. Unser Sternenhimmel verblüfft jeden noch so weit Gereisten. Die Reinheit der Luft hängt sicher damit zusammen, dass das Waldviertel von wenig Verkehrs- und Industrieabgasen geplagt wird. Doch es gibt einen Ausgleich für diese »Rückständigkeit«. Das Waldviertel steht noch unter kosmischem Schutz. Eine Freundin hat einmal zu mir gesagt: »Gott hat da hingespuckt und das ist sein Platz.« Wir zählen im Waldviertel noch viele Elfen und Waldgeister, nicht so viele wie in Island vielleicht, aber auch nicht wenige. Sie sind für mich nicht mystisch, sondern real. Der gravierende Unterschied besteht aber darin, dass in Island diese Naturgeister auch geliebt und verehrt und Straßen aus Rücksicht auf sie abseits der alten Kultstätten angelegt werden. Bei uns wurden diese uralten Kultplätze beim Bau der Straßen missachtet, weshalb es immer an denselben Stellen zu Verkehrsunfällen kommt. Man kann davon ausgehen, dass die Naturgeister uns auf diese Weise zeigen, dass sie beleidigt wurden. Erdgeister und Elfen sind ebenso Teil des Kosmos und tragen zum Gleichgewicht zwischen Realität und Spiritualität bei. Alles verdient respektiert und geliebt zu werden.

Im Waldviertel ist es mir möglich, diesen Respekt vor der Natur ohne Einschränkung zu leben, vor jedem Bach, jedem Baum, jeder Wiese. Viele Menschen, die diese Achtung in sich tragen, ziehen ins Waldviertel. Dazu gehören jene, die nicht jedes Tier nur als Nahrungsmittel betrachten und jeden Baum nur als Heiz- oder Möbelrohstoff.

Überall sonst, wo der Gedanke an den Tourismus vorherrscht, wird die Natur oftmals vergewaltigt: Sümpfe werden trockengelegt, Dorfanger zubetoniert und mit Verkehrszeichen vollgestellt. Der Grassaum am Wegrand weicht gepflasterten Gehsteigen. Bäume erhalten ein kleines, vom Beton ausgespartes Erdrund zugemessen. Blumen blühen oftmals nur noch in Betonschüsseln. In manchen Gemeinden lässt man Kühe nicht mehr auf die Weide, weil sich der Wanderer vor ihnen fürchtet. Ich könnte die Auflistung von Sünden wider die Natur unendlich fortsetzen. Sie sind mit offenen Augen zu erkennen und tun weh.

Unsere Blätter im Waldviertel bleiben grün, sie sind im Frühling nicht schon nach zwei Tagen verstaubt wie in der Stadt. Nur die Farben der Felder verändern sich ständig, im Frühling ist alles zartgrün, dann dominiert gelb und schließlich wird alles wieder braun, wenn gepflügt wird. Die Nächte sind dunkel und schwarz, wirklich finster! Deshalb kann man die Sterne so gut sehen. Wir haben gewaltige Sonnenauf- und Sonnenuntergänge. Das Waldviertel ist ein Platz, wo Erde und Himmel noch eins sind. Für mich stand eindeutig fest, dass nur im Waldviertel meine geheimsten Träume wahr werden würden.

Die karmische Speicherung

Als ich dann im Waldviertel lebte, habe ich entdeckt, dass unsere Familiengeschichte schon viele Berührungspunkte mit dem Waldviertel hatte. Als mein Großvater mütterlicherseits, ein Notar in Linz, gestorben ist, hat meine Mutter in seiner Kanzlei viele Tagebücher und Schriften ihrer Urgroßmutter, also seiner Großmutter, gefunden, historische Schätze, die leider heute kaum jemand mehr lesen kann, weil sie in Kurrentschrift geschrieben sind. Deshalb hat meine Mutter, die noch Kurrent lesen konnte, uns eines dieser Tagebücher auf Band gesprochen: So erfuhren wir, dass meine Ururgroßmutter an einem 16. November, meinem Geburtstag, geheiratet und eine Zeit lang in Geras auf einem Bauernhof mit Pferden und Kutschen gewohnt hatte, ihr Mann war ebenfalls Notar oder Anwalt gewesen. Dies war in der ersten Hälfte des 19. Jahrhunderts. Damals geschah Merkwürdiges: In Geras bekam sie ein Baby und fiel danach laut ihren Aufzeichnungen in eine tiefe Traurigkeit, die man heute als postnatale Depression einordnet, die zu dieser Zeit aber noch völlig unerforscht war. Unzählige Ärzte wurden konsultiert, keiner wusste einen Rat, man wollte sie schon in eine Irrenanstalt stecken. Da kam ein junger, netter Arzt aus Geras, setzte sich zu ihr, nahm ihre Hand und erzählte ihr vom Heiland. Dieser Zuspruch muss sie sehr bewegt haben, denn als man ihr wie jeden Abend einen Krug voll Wasser zum Waschen hinstellte, goss sie sich dieses kalte Wasser die ganze Nacht hindurch immer wieder über den Kopf und hat sich so, wie sie schrieb, selbst getauft und gereinigt. Am nächsten Morgen war sie völlig klar im Kopf, hatte fortan kein Fieber und keine Anfälle mehr und war gesund.

Ich nahm diese Geschichte als Bestätigung dafür, dass man immer wieder dahin zurückkehrt, wo eine genetische Erinnerung gespeichert ist. Ich nenne dies die karmische Speicherung, die Generationen schicksalhaft miteinander verbindet.

Es war auch kein Zufall, dass ich durch meine Eltern vom Waldviertel inspiriert wurde, denn ich erinnere mich ganz deutlich daran, wie sie mir von Kindheit an von diesem landschaftlich einzigartigen Gebiet zwischen Donau und Böhmerwald vorschwärmten.

Schon die Hochzeitsreise verbrachten meine Eltern im Waldviertel. Wir Kinder wussten, dass sie dort jedes Jahr zwischen dem 10. und 12. Mai ihren Hochzeitstag feierten. (Nur zum 25. Jubiläum fuhren sie auf meinen Befehl nach Venedig!) Sie übernachteten dann immer in der Gegend rund um die Rosenburg, besuchten die Städtchen Altenburg, Geras, Weikertschlag – eben die Gegend, in der dann auch ich mit zweiunddreißig Jahren gelandet bin. Somit habe ich mir das Waldviertel nicht zufällig ausgesucht, sondern es war Bestimmung. Das Waldviertel wurde für mich zu dem Ort, an dem alle meine Kindheitsträume zusammenliefen und nach vielen Mühen auch verwirklicht wurden. Hier konnte ich all meine Menschen-, Natur- und Tierliebe umsetzen, wie sie mir schon immer vorschwebte und über die ich in diesem Buch erzähle.

Der Hof des Lebens

Ich war von dem verfallenen Bauernhof in Mostbach 15 nicht bloß begeistert, sondern ich war in ihn verliebt. Stur wie immer, wenn ich mir etwas in den Kopf gesetzt habe, verfolgte ich mein Ziel.

Wieder zurück in Obertrum war ich völlig außer mir, weil ich endlich das gefunden hatte, was ich mein Leben lang gesucht hatte. Ich sah den Hof schon fertig vor mir: Für alle war genügend Platz vorhanden, für Kinder, Erwachsene und Tiere.

Ich rief meine Eltern an, die irgendwo segeln waren, und erzählte meiner Mutter, dass ich den Hof des Lebens gefunden hätte. Ich hörte Papi im Hintergrund höhnen: »Ja, sicher irgendwo im hintersten Wald, ohne Licht, ohne

Wasser!« Er hat sich über mich lustig gemacht. Diese ewigen Spinnereien seiner Tochter! Mami meinte, sie käme nach ihrer Rückkehr mit mir, um den Bauernhof zu begutachten.

Es waren fast zwei Monate der Ungewissheit bis dahin, die ich in großer Aufregung überstehen musste. Ich bekam kaum noch Luft vor lauter Angst, dass ihn mir jemand wegschnappen könnte. Ich ging mit Atembeschwerden

sogar zum Arzt. Ich konnte nicht einmal mehr reiten. Ich litt – dabei fehlte mir gar nichts. Nur der Hof.

Noch einmal nahm ich in der langen Wartezeit die dreieinhalb Stunden Fahrt zwischen Obertrum und Mostbach heimlich auf mich. Der Hof war abgeschlossen, ich konnte nicht hinein und bin nur rundherum geschlichen. Ich setzte mich hinters Haus und sprach im Geiste mit dem verstorbenen Herrn Riegler, dem Vorbesitzer. Wenn er mir helfen würde, flehte ich ihn an, diesen Hof zu bekommen, würde ich nichts abreißen, nichts verändern, nur das Alte wieder schön herrichten. Ich habe ihm versprochen, dass viel Leben in den Hof zurückkehren würde, Lachen und Freude, was ich dann ja auch gehalten habe.

Auf der ersten Fahrt mit meiner Mutter zum Hof im Sommer 1982 war kurz vor Großpertolz die Straße aufgerissen, grobe Steine und Schotter lagen herum, sehr ungünstig für unseren tief liegenden Sportwagen. Als sich ein Stein zwischen die Reifen verirrte und der Motor aufheulte, steuerten wir den Fahrbahnrand an. In einem kleinen Geschäft wollten wir den ÖAMTC anrufen (es gab noch keine Handys). Als der gelbe Engel kam, hatte sich der Defekt aber schon von selbst erledigt. Der Stein war aus dem Getriebe von alleine herausgefallen.

Auf dem Weg zum Geschäft aber kam uns ein groß gewachsener Herr mit langem grauem Haar und grauem Bart entgegen, begleitet von einer kleinen Frau mit blonder Mähne. Die Erscheinung der beiden war imposant! Auch meine Mutter war sofort angetan: »Toll, welch interessante Menschen es im Waldviertel gibt. Die haben sicher etwas mit Musik und Dichtung zu tun.«

Wie recht sie hatte: Erst später habe ich erfahren, dass es Gottfried von Einem und seine Frau Lotte Ingrisch waren, zwei echte Botschafter des Waldviertels. Auf einem Fest des damaligen Landeshauptmannes Siegfried Ludwig lernte ich sie später persönlich kennen. Keine hat die mystische Besonderheit des Waldviertels so innig und poetisch beschrieben wie Lotte Ingrisch. Ich verehre die Schriftstellerin und Seherin sehr und fühle mich mit ihr im Geiste verwandt.

Drei vierblättrige Kleeblätter

In Mostbach trafen wir uns mit Herrn Pamperl, dem Direktor der Raiffeisenkasse, und den zwei Neffen des alten Herrn Riegler. Wir gingen in das Haus hinein. Im Hof sah sich meine Mutter alles genau an. Die Brennnesseln waren mittlerweile abgemäht worden. Da sah ich ein Stück Wiese mit Klee vor mir, ungefähr drei Quadratmeter groß. Ich erlegte mir eine Prüfung auf: Wenn ich auf dieser Wiese drei vierblättrige Kleeblätter finde, dann gehört der Hof mir. So romantisch ging ich an die Herausforderung heran, aber ich habe diese drei vierblättrigen Kleeblätter tatsächlich gefunden.

Meine Mutter hingegen war Realistin. Ihr Befund lautete: »Die Dächer sind zu reparieren, die Kamine sind kaputt, die Treppe ins Haus gehört erneuert, die Stromleitungen mit einer einzigen Birne in der Mitte der Decke sind nicht ausreichend, es gibt kein Wasser im Haus, nur den Brunnen im Hof.« Ich wäre auf der Stelle eingezogen, Mami aber sah die Reparaturen und versuchte mit ihren

Beanstandungen auch den Preis herunterzuhandeln. In Wirklichkeit war sie aber schon auf meiner Seite.

Auf der Fahrt zurück nach Salzburg sagte sie zu mir: »Wenn Papi am Abend anruft, werde ich ihm nur die schönen Dinge aufzählen: romantischer Hof, alter Brotbackofen, Kupferkessel über dem Ofen, Kachelofen zum Kochen und Backen, Starkstrom für deinen Brennofen, eigenes Brunnenwasser. Wunderschön.« Wir überlegten, wie wir unser Vorhaben meinem Vater schmackhaft machen könnten. Fest stand, dass es ein Problem werden könnte, wenn er sich den Hof ansehen wollte. Wenn er jedoch sagte: »Es ist mir egal, macht, wozu ihr Lust habt!«, dann stand dem Kauf nichts mehr im Wege.

Es kam zur günstigeren Variante. Mein Vater meinte: »Macht, was ihr wollt. Wenn Merle, diese spinnerte Ziege, ihre Glückseligkeit darin sieht, dann kauft ihn halt.«

Mein Vater war damals auf dem Höhepunkt der EWG-Show sehr beschäftigt und hat viel Theater gespielt. Er hat nicht so viel verdient wie ein Thomas Gottschalk heute, aber trotzdem sehr gut. Es war klar, dass das Geld von ihm kommen würde. 600 000 Schilling hätte ich mir niemals selbst leisten können. Da aber auch mein Bruder Kai, der in Wien nach nur acht Semestern bereits sein Medizinstudium absolviert hatte und mit 21 Jahren der jüngste Arzt der Hauptstadt war, vom Papa ein Haus in Wien-Grinzing bekommen hat, welches das Mehrfache von meinem Hof gekostet hatte, war es irgendwie selbstverständlich, dass ich auch ein Haus bekommen sollte. Kai war mit 22 Jahren schon verheiratet und hatte sein erstes Kind. Später wurde er Turnusarzt im Spital in Horn, das ungefähr 23 Kilometer von mir entfernt liegt. In der Zeit ist er häufig zu mir nach Mostbach gekommen. Heute noch sprechen die Leute davon, wie tüchtig und nett er gewesen ist.

Endlich daheim

Ich war überglücklich: Dieser Bauernhof war meine erste eigene Entscheidung, ich habe ihn allein gefunden. Die Häuser in Grafrath und Obertrum gehörten alle meiner Mutter und es war jedes Mal sie, die wollte, dass ich darin wohnte.

Am nächsten Tag schon fuhren wir wieder ins Waldviertel. Mami und ich machten den Vertrag beim Notar. Ich kann mein Gefühl gar nicht beschreiben, als die Bauern mir einen Riesenschlüssel in die Hand drückten und meinten: »So, jetzt schließen Sie Ihren Hof auf.« Ich betrat das Wohnhaus mit Küche, Bad und sieben Zimmern und hatte das Gefühl, endlich zu Hause angekommen zu sein, nach all diesen Irrfahrten des ständigen Übersiedelns – endlich daheim.

Das Haus war innen nicht feucht, an den schönen Holzdielen am Boden war nichts zu reparieren. Die Dachbalken befanden sich auch in gutem Zustand. Die Farbe an den Wänden war zwar abgeblättert, das Wohnhaus selber war aber relativ gut erhalten. Als Lichtschalter fungierten noch die alten schwarzen Drehschalter, die nicht mehr zeitgemäß waren, alle Stromleitungen mussten neu verlegt werden, der Brotbackofen wurde repariert, die Selchkammer ausgebessert.

Auch eine Wasserleitung wurde ins Haus eingeleitet. In den Brunnen wurde eine elektrische Pumpe eingebaut, die das Wasser ins Haus beförderte. Der Baumeister, den ich holte, rieb sich schon die Hände. Er dachte, das würde nun eine Sommerresidenz für die reichen Kulenkampffs, aber so war's nicht. Ich wollte hier ständig wohnen, am liebsten ohne viel zu verändern. Die Stallungen, die Scheune, alles wollte ich in dem Zustand in Betrieb nehmen, in dem sie sich befanden. Ich beabsichtigte, schon im September 1982 einzuziehen.

Wieder leitete ich Keramikkurse in Geras. Ich bekam zehntausend Schilling Honorar für zwei Wochen, ein Betrag, der genau den Transport der zwei Pferde abdeckte, sodass ich sie nach den Kursen gleich in ihrer neuen Heimat im Waldviertel lassen wollte.

Am 1. August 1982 begannen wir mit der Renovierung, am 28. September, zum Kursende, sollte alles fertig sein.

Die Baustelle sah erschreckend aus: Der Hof war komplett aufgegraben, denn überallhin wurden die Lichtleitungen verlegt. Eine Gaslaterne, die von Mamis Geburtshaus in Wien 18, Gentzgasse 18, stammte, sollte den Hof beleuchten. Licht kam auch in den Stall und in die Werkstätte, bis dahin hatte es nur eine einzige Glühbirne im Hof gegeben.

Es wurde Licht.

Besonders schlimm sah es Mitte August aus, nachdem es zwei Tage hindurch stark geregnet hatte und sich das Grundwasser von unten mit den Güssen von oben mischte. Bis zu einem Meter tief versank man im aufgeweichten Erdreich und nur mühevoll konnte man über glitschige Bretter all diesen Schlamm überqueren. Es war grauenvoll.

»Diese spinnerten Weiber!«

Genau am zweiten Tag dieses Dauerregens kam mein Vater auf den Hof. Der Anblick war ja schon für mich schwer genug zu ertragen, obwohl ich doch alles durch die rosarote Brille sah, wie aber erst für meinen Vater, der den Hof zum ersten Mal sah. Ich war in Salzburg und konnte nicht weg. Wir versuchten es ihm auszureden, nach Mostbach zu fahren, aber er wollte es – meine Eltern fuhren also hin. Meine Mutter hat mir hinterher erzählt: Papi blieb ganz cool, balancierte über die Balken, scherzte mit den Arbeitern, sagte kein böses Wort und sah sich alles an. Auch als er mich am Abend anrief, meldete er mir völlig entspannt, dass alles gut vorankäme, die Arbeiter nett und fleißig wären und etwas Schönes entstehen würde. Ich war erstaunt, dass er alles so ruhig hinnahm.

Die ganze Wahrheit habe ich erst später erfahren. Als ich schon am Hof lebte, verriet mir eine Nachbarin, wie sie meinen Vater draußen auf der Straße vor ihren Fenstern, die damals noch ein Schotterweg war, erlebt hatte. Diesen Weg sei er mehrmals wütend auf und ab geschritten, laut vor sich hinschimpfend: »Wie kann man nur so verrückt sein? Meine spinnerten Weiber! Wie kann man sich nur so was antun!!« In seinem Innersten war er also richtig entsetzt. Den verrückten Weibern gegenüber hat er jedoch nie ein Wort des Zorns oder des Ärgers verloren. Mein Vater war ein Meister der Selbstdisziplin, privat wie auch im Beruf: Auf der Fahrt zu seinen Theateraufführungen ist er immer selbst am Steuer seines Autos gesessen, auch wenn Tausende Kilometer zu fahren waren.

Mein Vater hat uns heiß geliebt. Er hat zwar, als wir klein

waren, nicht viel mit uns gespielt. Er hat uns auch nicht oft auf den Arm genommen, ist nicht viel mit uns auf dem Boden herumgekugelt. Er konnte mit Kleinkindern nicht viel anfangen. Wenn ich ihm widersprach, tadelte er mich oft: »Du bist überfrech!« – mehr aber nicht. Ich war daraufhin wütend und lief zu meinen Tieren. Er hat unsere Erziehung hauptsächlich meiner Mutter überlassen. Aber er liebte seine Familie über alles und wollte uns glücklich sehen.

Von Salzburg aus bin ich den ganzen August hindurch mindestens dreimal in der Woche nach Mostbach gefahren, immer mit Marius im Fond, habe bei den Arbeiten mitgeholfen und die Arbeiter angetrieben. Ich war ohne Voranmeldung zur Stelle und kontrollierte den Umbau, damit keine Zeit verloren ging. Auch während des Kurses im September in Geras bin ich jede Mittagspause nach Mostbach gefahren, immerhin 20 Kilometer, und habe beim Umbau mit Hand angelegt. Den kleinen Teich, der jetzt den Pferden gehört, haben die Leute des Dorfes bis dahin als Müllhalde benutzt. Ich habe ihn eigenhändig entrümpelt, Haarsprays, Flaschen und alte Reifen ausgeräumt. Zwei Lastwagen voll Müll haben wir weggeschafft. Das war meine Arbeit.

Zuerst sind auch Ratten aus allen Löchern gekrochen, scharenweise Ratten. Ich mag Ratten an sich gerne, aber Hunderte sind auch mir zu viel. Als meine Pferde im Stall einzogen, sind die Nagetiere zuerst im Rudel erschienen, das gute Futter hat sie angezogen. Erst der Hahn hat sie wieder vertrieben. Den hohen Ton seines Krähens halten Ratten nämlich nicht aus. Heute sind sie alle verschwunden. Auch unsere Katzen tragen das ihre dazu bei.

Das Eselchen Malvine

Am 26. September war der Kurs in Geras zu Ende. Nun war es Zeit, den Hof zu beziehen. Ich war 32 Jahre alt und fühlte mich bärenstark. Ich bin immer eine Kämpferin gewesen. Ich hatte mir in den Kopf gesetzt, mit vierzig einen Bauernhof zu besitzen. Nun hatte ich ihn schon mit 32! Ich zog ein – mit zwei Hunden, zwei Katzen und meinem Sohn.

Ich hatte mir längst schon vorher – in der heimlichen Gewissheit, einmal so einen Hof zu besitzen – zahlreiche Bauernmöbel angeschafft. Für das Geld, das ich mit meiner Keramik verdient hatte, habe ich mir bei Tandlern alten Trödel gekauft, einen alten Spiegel, einen alten Kasten. Die hatte ich in Obertrum am Dachboden gelagert. Alles wartete nur darauf, endlich an den richtigen Platz gestellt zu werden. Das war ein Vergnügen!

Drei Tage später haben ein Freund und ich meine Pferde Majeure und Mimi geholt. Wir wollten sie von Geras bis Mostbach herüberreiten, eine Strecke von an sich nur 20 Kilometern. Aber wir haben uns verirrt. Der Weg führte uns, ohne dass wir es merkten, leicht schräg von unserem Ziel ab. Wir ritten um neun Uhr morgens in Geras weg, querfeldein, und um acht Uhr abends waren wir erst zu Hause. Den Pferden war es egal, aber wir waren ziemlich fertig. Ich bin den Weg zumeist neben meiner Stute Mimi einhergegangen, um ihre Beine zu schonen, weil sie keine Hufeisen hatte und ihre Hufe schon ziemlich abgerieben waren. Meine Pferde haben keine Hufeisen, da sie die meiste Zeit auf der Koppel stehen und nur ab und zu auf einer Straße geritten werden.

Aber wir sind angekommen. Mimi und Majeure waren die ersten Bewohner des neu hergerichteten Stalles.

Eines Tages hat der Landeshauptmann von Niederösterreich, Siegfried Ludwig, die Künstler des Waldviertels nach Allensteig zum Abendessen eingeladen. Dort habe ich den Maler Andreas Haushofer, mit dem ich in der Linzer Kunsthochschule studiert hatte, wieder getroffen. Er lebt in Kleinmotten bei Zwettl, malt alte Häuser, alte Mühlen, Schlösser und Teiche im Waldviertel und schmückt wunderbare Kalender damit. Es gibt bei uns keine Arztpraxis, in der nicht seine Bilder hängen. Ihm vertraute ich an, dass ich gerne einen Esel und eine Ziege hätte. Am 16. November 1982 rief er mich in der Früh um sechs Uhr ganz aufgeregt an: »Wenn du einen Esel haben willst, musst du gleich losfahren, denn in Heinreichs bei Waidhofen soll gerade einer geschlachtet werden.« Eine halbe Stunde später war ich dort, Haushofer auch. Der Esel sah furchterregend aus, er hatte kein Fell mehr, die Hufe waren viel zu lang und nach oben gewachsen, es war erbärmlich. Das Tier war an die 30 Jahre alt. Sein Gebiss war kaputt, es konnte nicht mehr beißen, konnte kaum mehr gehen, war aber trotzdem im Wald zu schweren Arbeiten herangezogen worden. Es hatte Körbe voll Holz geschleppt, schwer beladene Schlitten gezogen. Als das Tier nicht mehr konnte, wollten sie es schlachten.

Als ich mit meinem Renault 4 ankam, sprang das Eselchen mit einem Satz in den Kofferraum hinein, als wüsste es, dass es ihm fortan bei mir gut gehen würde. Also hatte ich auf der Heimfahrt einen Esel und zwei große schwarze Hunde im Gepäckraum. Und wie das Schicksal so spielt, waren an diesem Tag auch sehr viele Polizisten auf den Straßen. Nie zuvor hatte ich ein derartiges Aufgebot an

Ordnungshütern erlebt. Ich hatte Angst, dass sie bemerken würden, wie vorschriftswidrig wir unterwegs waren: Die Eselin hatte ihren Kopf vorne auf meine Schulter gelegt, die beiden Hunde saßen am Vordersitz, doch die Polizisten haben nur erstaunt die Augen aufgerissen und sind nicht weiter eingeschritten. Wir gaben dem Esel den schönen Namen Malvine.

Zu Hause angekommen, vertrug sich Malvine sofort mit den Pferden und dem Ziegenbaby, das mir Andreas Haushofer geschenkt hatte.

Malvine kam gerade rechtzeitig zu unserem ersten Christkindlmarkt. Wir wollten ein Benefizfest für eine Familie in Raabs veranstalten, der es nicht gut ging. Eine liebe Frau aus Eggenburg ist mit mir durch die Gegend gefahren, um alles zu erbetteln, das Brot, den Wein, die Würstel. Wir haben in zwei Tagen immerhin 36 000 Schilling gesammelt. Da gab es den Stand einer Weberin, einer Blumensteckerin, einer Stickerin, auch die Caritas hat mitgemacht. In meinem Hof haben wir im Kreis herum Bauhütten aufgestellt. Der Elektriker hängte Lichterketten auf die Tannen, die uns die Bauern aus dem Wald gebracht hatten. Meine Keramik verkaufte sich gut und auch die selbst gebackenen Kekse waren im Nu weg. An die 3 000 Neugierige waren gekommen, um zu schauen, was denn eine Kulenkampff da im Waldviertel so alles macht.

Auf diesem Christkindlmarkt ging dann unsere Malvine stolz neben dem Nikolaus einher und hatte nichts weiter zu tun, als einen leichten Sack zu tragen. Auf Mimi saß der Nikolaus und auf Majeure ein Engel. Den Pferden haben wir in Mähne und Schweif Lametta geflochten, sie sahen sehr heilig aus. Der Engel trug ein weißes Nachthemd, wir haben ihm weiße Flügel samt Heiligenschein gebastelt.

Das Nikolauskostüm war vom Pfarrer ausgeborgt. Von weit her waren Kinder mit ihren Eltern gekommen. Unsere Christkindlmärkte, die wir fortan jedes Jahr veranstalteten, waren immer eine Attraktion und besonders stimmungsvoll.

Eselchen Malvine war geschätzte 42 Jahre alt, als es friedlich bei uns einschlief.

Viele Jahre hindurch haben wir zu einem Weihnachtsmarkt und einem Sommerfest geladen. Anfangs war ich mit Marius noch allein. Ein anderes Mal habe ich für die Freiwillige Feuerwehr, als sie Gasmasken brauchten, einen Benefizmarkt veranstaltet. Er war ebenfalls ein schöner Erfolg. Meine Töpferware brachte etwas ein, die Feuerwehr war für das Essen verantwortlich, jeder Bauer brachte Schafkäse oder Honig, die Kekse und Kuchen waren selbst gebacken. Jeder hat das Geld behalten dürfen, das er verdiente, ich habe nie etwas für die Miete genommen.

Heute ist die Konkurrenz solcher Bauernmärkte so groß geworden, dass wir damit aufgehört haben.

Eine Nacht im Hühnerstall

Auf jedem guten Bauernhof sollte es auch Hühner geben, heißt es im Volksmund. Auch die Journalistin und Freundin Inge Elkan, die mit einer großen Menagerie exotischer Tiere – darunter ein Puma, Wölfe, Pfaue – in Weikertschlag lebt, war dieser Ansicht und meinte eines Tages, sie müsse mir einige Zwerghennen zukommen lassen. In einem Korb brachte sie mir eine Henne mit acht Küken, zwei davon Hähne. Es gibt selten Entzückenderes als Zwerghühnerküken.

Die ersten eigenen Küken, die es auf meinem Hof gab, waren allerdings über Nacht verschwunden; einfach aus dem Nest gestohlen. Wahrscheinlich hat sie ein Iltis, ein Marder oder ein Wiesel geholt. Ich war empört. Aber es dauerte nicht lange, bis die nächsten Eier ausgebrütet waren und neue Küken schlüpften. Der Ort, an dem dies geschah, ist für die Geschichte nicht unwesentlich. Es war das alte kleine Holzhäuschen des nicht mehr in Betrieb befindlichen Plumpsklos, das leer stand. Der Boden war verschlossen und reichlich mit Stroh bedeckt. Da hinein zogen sich die Zwerghennen gerne zum Brüten zurück. Als nun die zweite Partie Küken geschlüpft war, beschloss ich, mir diese nicht wieder klauen zu lassen. Nun muss man sich vorstellen, ich bin stattliche 1,72 Meter groß, massiv gebaut, habe breite Schultern und bin alles andere als zierlich. Die Hütte maß nur einen Meter mal einen Meter. Mein Entschluss aber stand fest: Ich legte mich abends, bewaffnet mit einer Decke, einer Taschenlampe, einem Hammer und dem damals gängigen Nintendo von Marius in dem Häuschen auf die Lauer. Was heißt legte, ich quetschte mich irgendwie gekrümmt neben die Henne, die auf ihren Küken saß und mich verdutzt anblickte. Es war Mai und noch ziemlich kalt in den Nächten. Ob ich den Hammer nur zum Drohen dabeihatte oder ob ich im Ernstfall zu Schlimmerem bereit gewesen wäre, weiß ich nicht. Ich blieb jedenfalls die ganze Nacht in meiner unbequemen Lage sitzen, harrte aus und wachte. Um mir die Zeit zu vertreiben und wach zu bleiben, spielte ich mit dem Nintendo das Geschicklichkeitsspiel »Tetris«, bei dem es galt, mit vielen kleinen Bausteinen einen Turm zu bauen. Bis sechs Uhr früh habe ich ausgeharrt, dann wurde es hell. Die Gefahr war gebannt. Niemand war gekommen, um meine Küken zu stehlen. Das stete Piepsen des Nintendo muss den Marder oder ein anderes Raubtier abgeschreckt haben, sodass er sich nicht herangewagt hatte. Es war eine sehr kalte, sehr mühselige Nacht gewesen, aber eine sehr sinnvolle, denn es hat sich nie wieder ein Hühnerdieb blicken lassen.

Auch wenn meine Pferde Fohlen bekamen, habe ich viele solche Nächte in den Stallungen, als Nachtwache und zum Schutz, verbracht. Wenn Pferde kastriert wurden, musste ich verhindern, dass sie sich hinlegten, damit sie ihre Wunde nicht verunreinigten und sich nicht verletzten. Wenn man die ersten Nächte bei ihnen bleibt, hilft

man ihnen die Demütigung zu ertragen, die durch die Kastrierung verursacht wird.

Ich habe die Pferde nächtelang gestreichelt und ihnen gut zugeredet. Das half ihnen über ihre Verwirrung und ihren Kummer hinweg, nun kein Hengst mehr zu sein.

Die Farm der Tiere

Mittlerweile hatte sich herumgesprochen, dass ich Tiere aufnahm. Immer mehr Leute dachten, ich sei eine Anlaufstelle für Tiere, die man nicht mehr brauchen konnte oder die einem auf die Nerven gingen. Eines Tages fand ich im Hof einen Sack wilder junger Babykatzen. Statt sie wie früher in den Fluss zu werfen und zu ertränken, legte man sie nun einfach mir auf die Schwelle. Die Kätzchen waren aber so wild, dass sie sich an den Menschen erst gewöhnen mussten. Zu dem Zweck habe ich sie vorerst einmal auf den Dachboden gesperrt und mich jeden Tag für drei, vier Stunden zu ihnen gesetzt. Nachdem ich ihnen Futter hingestellt hatte, nahm ich ein Buch zur Hand, las und war einfach bei ihnen. Die Katzenmädels wurden schneller zutraulich und ließen sich früher streicheln, setzten sich auf meinen Schoß und wurden eher zahm als die Katzenbuben. Bei einem Kater hat es vier Monate gedauert, ehe er sich in meine Nähe wagte. Anfangs war er ziemlich verschreckt. Erst als sich die Kätzchen anstandslos streicheln ließen, kamen sie zu uns ins Haus. Bei uns sind überall Katzen, im Badezimmer, in der Küche, im Wohnzimmer.

Einige wohnen lieber im Freien – jedes Tier kann sich aussuchen, wo es leben möchte. Jedes verträgt sich mit jedem. Zum Füttern gibt es verschiedene Plätze, wobei es interessant zu beobachten ist, dass Katzen ihren Gewohnheiten gerne treu bleiben und jede Katze ihren fixen Futterplatz hat. Unser Hauptfutterplatz liegt neben der Küche und reicht über eine kleine Treppe nach draußen in einen Vorgarten. Hier lassen sich auch immer fremde Katzen verköstigen.

Meine Katzen werden alle kastriert, auch die Mädchen. Ich lehne es ab, sie nur zu sterilisieren, da es Katzen nicht verstehen würden, weiterhin rollig zu werden, ohne Nachwuchs kriegen zu können. Dabei ist zu bedenken, wenn man Katzenmädels kastriert, bevor sie Babys zur Welt gebracht haben, werden sie verstört. Meiner Meinung nach ist es das Beste, sie einmal Nachwuchs haben zu lassen und sie dann erst zu kastrieren. Katzen, die man zu früh kastriert, benehmen sich seltsam ihren Artgenossen gegenüber, werden streitlustig und zickig. Sie sind zwar lieb im Umgang mit Menschen, aber bösartig zu anderen Katzen.

Im Winter 2008 waren es an die vierzig Katzen, die im Hausbereich mit uns lebten. Wir brauchten dreißig Dosen Futter und einen Sack mit drei bis vier Kilo Trockenfutter am Tag. Unsere Katzen werden dreimal täglich gefüttert. Sie haben ständig Hunger, aber sie schauen alle gut aus. Einige fangen im Stall auch Mäuse. Charly, der rote Kater, ist unser bester Jäger. Er sitzt den ganzen Tag im Stall und wartet auf eine Maus, die es wagt aufzutauchen. Aber wir haben fast keine Mäuse mehr, weil es so viele Katzen gibt. Zwischendurch erwischen sie auch schon mal ein Wiesel. Vögel fangen unsere Katzen nur selten.

Meine Tochter Mascha

Meinen nummerischen Berechnungen zufolge geschah immer alles zur richtigen Zeit. Mein Sohn Marius war am 27. 7. 1977 zur Welt gekommen und – 77 ist sieben Mal die elf – elf Jahre später folgte meine Tochter Mascha. Klaus, der Vater meiner beiden Kinder, lebte zwar nicht mit uns, aber wir haben einander immer wieder gesehen. Als ich entdeckte, dass ich zum zweiten Mal schwanger war, frohlockte ich: »Wenn das nicht Bestimmung ist!« Elf ist die Glückszahl meiner Familie. Das galt schon für meinen Vater und meine Mutter, weil sie an einem 11. Mai geheiratet haben und mein Bruder Kai in der Maistraße 11 in München geboren wurde. Und das galt auch für mich: Meine Kinder wurden mit einem Altersabstand von elf Jahren geboren. Meine Tochter kam also 1988 zur Welt, das ergibt acht Mal die Elf.

Auch dass ich meine Kinder Marius und Mascha getauft habe, hat seinen atmosphärischen Grund. Meine Eltern haben sich kennen gelernt, als mein Vater das Theaterstück »Marius« spielte. Als sie verheiratet waren, setzten sie einmal auf einer Rennbahn nur wegen des Namens auf das Pferd Marius. Das Pferd, das mit der Zahl 11 gestartet war, gewann und sie bekamen 300 Mark, was damals sehr viel Geld war, da sie zusammen in der Woche nur über fünf Mark verfügten. Mein erster Bruder Till-Joachim hieß mit drittem Vornamen gleichfalls Marius. Als mein Vater zu segeln anfing, wurden unsere Segelschiffe eins nach dem andern Marius getauft. Marius I war noch ein altes Motorboot am Bodensee, Marius II schon unser erstes Segelschiff an der Ostsee. Dann folgten mit Marius III und Marius IV immer größere Segelschiffe, bis mein Vater seine letzte Motorjacht schließlich Berganza nannte.

Als ich mit Mascha schwanger war, hab ich sofort gewusst, dass es sich nur um ein Mädchen handeln konnte. Ich hätte sie gerne Maria genannt. Da dieser Name aber so verbreitet ist, nannte ich sie etwas geheimnisvoller Mascha, die russische Form von Maria. Meine Tochter erhielt als weitere Namen Katharina und Rosina nach meinen Großmüttern und schließlich Cäcilia, weil ich einen Tag vor ihrer Geburt einen Film mit meinem Lieblings-

schauspieler Rex Harrison gesehen hatte, in dem er Cecil hieß. Ich hoffe, ich habe ihr damit viele wunderbare Schutzengel mit auf den Weg gegeben.

Mascha ist ein Indigokind, das über besondere spirituelle Begabungen verfügt. Man sagt, dass Indigomenschen schon oft auf der Erde waren, sodass sie gar nicht mehr wiedergeboren werden müssten. Doch die Seelen dieser Kinder haben sich entschlossen zurückzukehren – ein mutiger Schritt! –, um den Menschen zu helfen, in eine andere, bessere spirituelle Schwingung zu gelangen. Mascha besitzt große intuitive Fähigkeiten. Ihr Bedürfnis, anderen zu helfen, ist enorm. Sie spürt, wo Hilfe nötig ist. Sie ist mir eine unersetzliche Hilfe am Hof.

Unser Alltag am Amselhof

Ein berühmter Ausspruch meines Vaters war: »Merle, du arbeitest wie ein Vieh und hast doch nie Geld – deshalb unterstütze ich dich.« Er hatte Recht, ich arbeitete viel und tue es bis heute gerne.

In der Früh stehe ich um halb sieben Uhr auf. Zuerst werden die Katzen gefüttert, das bedeutet, die Katzen, die im Winter in der Küche und im Vogelzimmer übernachten, werden durch die Hintertüre der Küche ins Freie gelassen. Dort werden sie gefüttert, in einem kleinen Vorgarten, in dem wir sowohl für unsere Vögel als auch für unsere Katzen ein eigenes Gehege errichtet haben. Unsere Voliere ist nichts anderes als ein durch eine Drahtwand geteiltes Zimmer neben der Küche, das sich durch die tagsüber stets geöffneten Fenster ins Freie fortsetzt. Bis in den Vorgarten reicht dieser riesige hohe Drahtkäfig hinaus, in dem neben den Vögeln auch Hasen und Meerschweinchen leben. Im Freien steht dieser Käfig auf vier Pfosten, der Hohlraum darunter ergibt einen Unterschlupf, den wir zu einem Wind und Regen abweisenden Schutzraum für alle Katzen der Umgebung ausgebaut haben. Mit Stroh und Heu warm ausgestattet, finden sich dort immer wieder bis zu 25 Katzen ein, die entweder herrenlos sind oder auch nur herumstreunen.

Auch unsere Katzen halten sich immer wieder in diesem kuscheligen Raum auf. Im Winter sind es doppelt so viele Katzen wie im Sommer. Alle werden sie mit Futter aus der Dose versorgt. Wo immer sie sich aufhalten, im Badezimmer, auf dem Dachboden, bei der Küchentüre, im Hof, in der Werkstätte, im Stall, werden Schüsseln mit Futter hingestellt. Pro Mahlzeit brauche ich rund zehn Dosen. Ab und zu fangen sie Mäuse. Aber eine Katze würde zwölf Mäuse am Tag brauchen, um ihren Nahrungsbedarf zu decken. Das würde bei 40 Katzen am Tag 480 Mäuse bedeuten, die es bei uns auch dank unserer vielen Zwerghähne und ihres Krähens nicht gibt. Bei uns wagt es keine Ratte, den Hof zu betreten.

Den Katzen gilt morgens also mein erster Rundgang.

Nach den Katzen geht's zu den Pferden im Stall links neben dem Wohnhaus. Nun stoßen auch meine beiden Helfer zu mir, mein Pferdewirt-Lehrling Nadine und meine Tochter Mascha. Bis zum Frühjahr 2007 half mir auch noch ein Pferdebursche, ein in Österreich lebender Tunesier. Ich habe ihn leider entlassen müssen, weil ich ihm seinen Lohn nicht mehr zahlen konnte. Deshalb muss ich die schweren Arbeiten wie Mistführen und Heuabladen wieder alleine machen.

Wir haben drei verschiedene Stallungen, überall warten schon wiehernde Pferde. Sie warten nicht etwa ruhig, sie wiehern, schlagen und stoßen gegen ihre Boxen. Ungeduldig warten sie auf ihr Frühstück. Jedes Pferd bekommt ein bisschen Hafer mit Äpfeln. Während sie alle ihr »Müsli« fressen, verteilen wir außerhalb der Boxen frisches Heu in den diversen Hallen, Koppeln und Unterständen. Danach werden die Boxen geöffnet und alle Pferde, Ponys, Eselinnen und Schafe laufen zu diesen Heufutterplätzen hinaus. Auch die Tröge werden für den ganzen Tag mit frischem Wasser gefüllt.

Nach dem Frühstück werden sie auf die abgezäunte Weide und in den Wald entlassen. Wenn es regnet, haben sie eine Sandkoppel mit Reithalle, eine weitere kleine Halle und diverse Unterstände zu ihrer Verfügung. Zum Reiten, Putzen, Schmusen und Arbeiten an der Hand holen wir sie von dort ab, wo sie sich gerade befinden. Abends kehren sie wieder in ihre Boxen zurück.

Dann kommen die Rinder Mabel und Marvin samt ihrem Anhang, den Schafen Marilyn und Mona und den zwei Ziegen Mia und Mao zur Fütterung dran. Sie bekommen frisches Heu und Wasser. Danach müssen 30 Hühner und zwei Gänsepaare gefüttert werden.

Sobald die Pferde aus dem Stall sind, werden alle Boxen ausgemistet, für den Abend frisch eingestreut und mit Futter für den Abend versehen. Die Boxen werden zugemacht und zugebunden, damit sich die Pferde nicht selbstständig aufmachen können. Mittlerweile ist es neun Uhr geworden, meine Helfer gehen jetzt zum zweiten Frühstück, während ich einkaufen fahre. Hafer hole ich im Lagerhaus, alles andere im Supermarkt: Semmeln, Brot, Lebensmittel und Getränke für uns, Salat und Karotten für die Hasen. In der Zwischenzeit haben Mascha und mein Lehrling angefangen, die Pferde zu putzen.

Im Wohnhaus und bei den kleinen Tieren hilft mir seit Jahren meine angestellte Haushaltskraft Nazima, eine bosnische Flüchtlingsfrau. Sie füttert die Vögel, Hasen und Hunde und rast mit dem Staubsauger durch die drei unteren Räume, um die Hunde und Katzenhaare zu entfernen. Im Winter heize ich bis zu vier Öfen mit Holz, das ich selber klein gehackt habe. Mittlerweile ist es Mittag, und ich muss für drei bis vier Leute kochen. Meist ist noch eine Freundin meiner Tochter Mascha auf Besuch.

Mittags zwischen halb zwölf und zwölf werden die Pferde und die Kühe zum zweiten Mal gefüttert und die Koppeln und Hallen gemistet. Alle zwei Stunden mistet ein Pferd, bei zwanzig Pferden sind das in zwei Stunden schon zwanzig Haufen. Das ergibt eine Menge Schubkarren, die auf den Mist geführt werden müssen.

Das Mittagessen der Zweibeiner erfolgt meist um halb eins. Dann gibt es zwei Stunden Mittagspause. Was vom Mittagessen übrig bleibt, kommt meist am nächsten Tag zu den Hühnern. Um halb drei gehe ich wieder zu den Tieren. Die Pferde werden geritten, longiert, was meine Tochter Mascha sehr gerne macht. Mascha ist eine sehr gute Reiterin, hat eine gute Hand für Pferde und viel Geduld. Sie hilft bei den Pferden fleißig mit.

Auch der Lehrling muss reiten lernen, bei dieser Aufgabe wechseln sich Mascha und ich ab. Manchmal kommen Kinder, um reiten zu lernen, im Winter weniger, im Sommer mehr, auch das fällt in meinen Tätigkeitsbereich.

Abends wird noch einmal gefüttert und ein Rundgang durch alle Ställe und zu allen Tieren gemacht. Im Winter ist um halb sechs Uhr abends Feierabend. Im Sommer, wenn es heiß ist, wird vieles auf den Abend verlagert, da geht die Reiterei erst um sieben Uhr so richtig los.

ALLE
MEINE TIERE

Jeder Name beginnt mit M

Ich werde immer gefragt, wieso die Namen beinah all unserer Tiere mit M beginnen. Aber auch bei mir und meinen Kindern ist das so: Merle, Marius, Mascha. Und wir wohnen in Mostbach. »M« ist eine keltische Rune und steht für Mut, Zuversicht, Kraft und Frohgemut. M ist ein sehr weicher, melodischer Buchstabe, auf ihm lässt es sich am besten summen.

Leider gehen uns allmählich die Namen aus, weil wir keinem Tier den Namen eines bereits verstorbenen geben. Mittlerweile heißen unsere Tiere auch schon anders. Die Katzen werden nach Märchenfiguren wie Dornröschen, Kasperl, Schneewittchen, Rosenrot, Seppel, Lisa, Gretel, Peter Pan und so weiter benannt.

Bei der Katzenfütterung mache ich es in der Zwischenzeit wie im Märchen vom Kleinen Muck. Die Frau, bei der er wohnt, kocht jeden Tag Töpfe voll Hirsebrei für sämtliche Katzen, die von weit herbeieilen. Sie ruft: »Herbei, herbei, gekocht ist der Brei!« Ich liebe die Geschichte vom Kleinen Muck, weil ich mir diese alte Frau mit dem Topf so wunderbar vorstelle. Wahrscheinlich sehe ich mittlerweile schon genauso aus, so seltsam und doch so fröhlich.

Mein Leben wird von zahlreichen Leitfiguren begleitet. In der TV-Serie »Der Doktor und das liebe Vieh« war der Tierarzt Herr eines Hunderudels, das sich überall im Haus und auf dem Hof aufhielt. Wenn er wegfuhr, rief er bloß: »Kommt's, Hunde, wir fahren.« Er rief sie nie bei ihrem Namen. So mache ich es mittlerweile auch mit meinen augenblicklich vier Hunden. Dabei haben sie alle wunderschöne Namen: Hexi, Tobi, Michael, Isabella und Gina.

Momo, das »Zauberpferd«

Die Geschichte von Momo, dem Zauberpferd, begann 1983. Momo war ein Pony, das ständig die Farbe wechselte. Im Winter war es weiß, im Frühling bekam es schwarze Flecken und war dann weiß-schwarz gepunktet wie das Pony von Pippi Langstrumpf. Im Herbst wurde es beige, im Winter wechselte es wieder zu weiß. Momo verfärbte sich also je nach Jahreszeit, deshalb war es unser »Zauberpferd«.

Wie es den Weg zu uns auf den Amselhof fand, war weniger zauberhaft.

Eines Tages fuhr ich mit dem Auto in der Nähe von Heinreichs, von wo ich den Esel Malvine geholt hatte, um Keramik auszuliefern. Da sah ich, wie einige Bauern die Felder abbrannten. Es war Herbst. Umgeben von Getreidefeldern lag eine kleine Wiese, auf der ein Pony angepflockt stand. Rund um die Wiese standen die Getreidefelder in Flammen. Kein Mensch war weit und breit zu sehen. Ich fuhr in den Ort, um das Unglück zu melden. Als ich endlich die Besitzer fand, hieß es nur »Jessas, den haben wir vergessen!« Aber die Bauern kamen mit mir, wir liefen durch die brennenden Getreidehaufen auf das schon völlig umnebelte Pony zu und befreiten es. Ich war so begeistert von dem Pony, dass ich es dem Bauern vom Fleck weg abkaufte. Sie wollten es ohnehin nicht. Stets ritt ein viel zu großer Mann auf dem kleinen Tier, das war nicht eben ein schönes Los. Ich habe es um 8 000 Schilling gekauft, um einen viel zu hohen Betrag, wie mir ohnehin klar war. Aber ich feilschte nicht. Das Pony gehörte mir, und ich bekam noch eine Fuhre Heu dazu.

In einem Lastwagen haben die Bauern mir das Tier samt Heu am nächsten Tag geliefert. Wir nannten es Momo und es wurde das Pony von Marius. Der kleine Marius war der Einzige, der auf ihm reiten durfte. Momo hat lange bei uns gelebt, erst 1996 ist er gestorben.

Miss Mable, die königliche Kuh

Knapp vor ihrem achten Geburtstag kam meine Tochter Mascha weinend zu mir und berichtete, dass oben im Ort eine Kuh zum Schlachter müsse, weil sie keine Kälber bekommen könne. Mascha bat flehentlich darum, diese Kuh vor dem Schlachter zu retten.

Mascha ist mir mit ihrer Tierliebe ziemlich nachgeraten. Auch sie rettet jeden Schmetterling und sie braucht sich nur auf unsere Distelwiese zu setzen, schon krabbeln und fliegen von allen Seiten die mannigfaltigsten Geschöpfe auf sie zu: Marienkäfer, Schmetterlinge, Raupen, Bienen ...

Wir gingen also zusammen zum Bauern und begutachteten das Vieh, das im Stall angehängt war. Ich stellte fest, dass die arme Kuh auf einer Zitze eine Entzündung hatte. Wir gingen schweigsam wieder nach Hause. Am nächsten Tag, als Mascha in der Schule war, ging ich wieder zum Bauern und erklärte ihm, dass ich eventuell die Kuh haben wolle, aber vorher probieren müsse, ob das händische Melken bei ihr noch funktioniert. Denn Kühe, die mit der Maschine gemolken werden, lehnen die Hand danach häufig ab. Ich habe es probiert, die Kuh ließ sich von mir angreifen und melken. Ich kaufte dem Bauern die Kuh zu einem höheren Preis ab, als er vom Fleischer bekommen hätte. Ich gab ihm 6 000 Schilling für ein viel zu mageres Rind! Der Tierarzt lachte mich aus, das sei wieder typisch, mit 3 000 Schilling wäre der Bauer auch zufrieden gewesen. Es stimmt, ich zahle immer viel zu viel für meine Tiere. Ich bin mir auch sicher, dass hinter meinem Rücken über meine Naivität gelacht wird. Aber ich bin eben kein wirtschaftlich begabter Mensch, sondern möchte den Handel meist rasch hinter mich bringen.

Am Geburtstag von Mascha, an dem eine Kinderjause geplant war, trieb ich mit dem Bauern die Kuh durch unser Dorf zu uns. Genau genommen hat sie mehr uns geführt als wir sie. Sie rannte wie eine Wilde die Dorfstraße entlang und donnerte schließlich glücklich bei uns durchs Hoftor hinein, als hätte sie geahnt, dass es ihr hier nun gut gehen würde. Ich musste sie erst ordentlich putzen, sie war ziemlich verschmutzt, weil sie im Stall angehängt gewesen war. Danach bekam sie als Geburtstagsgeschenk für meine Tochter eine große rote Masche umgebunden. Wir tauften sie Miss Mable.

Sie ist eine wunderbare Kuh und gab in ihren besten Zeiten zwischen 14 und 20 Liter Milch am Tag. Ich habe sie zweimal am Tag gemolken, die Entzündung wurde bei uns ausgeheilt.

Damit sie in ihrem Freilaufstall oder auf der Weide nicht alleine herumstehen musste, kaufte ich von einer lieben Tierärztin zwei wilde Bergschafbabys. Mable nahm sie als ihre Kinder auf, sie hat sie geputzt, umsorgt und geliebt.

Unsere Kuh wurde mit der Zeit jedoch immer dicker und dicker, was an sich auf meinem Hof bei keinem Tier ein Wunder ist, weil alle gut gefüttert werden und es bei uns absolut ohne Stress zugeht. Da werden Tiere automatisch kugelrund. Bei Mable versiegte aber auch die Milch, sie bekam einen mütterlich verschleierten Blick. Für mich war sofort klar, die Kuh konnte nur trächtig sein! Und dies, obwohl uns nach Untersuchungen durch den Tierarzt versichert worden war, dass sie keinen Nachwuchs

bekommen könne und deshalb eben zum Schlachter müsse.

In meinen schlauen alten Tierarztbüchern las ich nach, wie man feststellt, ob eine Kuh Nachwuchs erwartet – ich wollte mich ja nicht blamieren. Da las ich: Wenn du bei dem Tier in die rechte Flanke drückst, erhältst du als Gegendruck ein Bein des Babys zu spüren. Ich drückte Miss Mable also in die Seite und von innen kam sofort einen Gegenschlag. Also rief ich den Tierarzt an, der mehr als überrascht war, denn er selbst hatte erst vor wenigen Wochen festgestellt, dass sie trotz künstlicher Befruchtung nicht trächtig geworden war. In seiner Verwunderung meinte er nur: »Frohe Weihnachten!« Am 25. Dezember wurde uns der kleine Stier Marvin in die Krippe gelegt. Den gibt es heute noch. Im Alter von zwei Jahren haben wir ihn in einen Ochsen verwandelt, damit er nicht ununterbrochen seine eigene Mutter deckt. Nicht dass sie in Ruhe gelassen werden wollte, aber der Stall wäre für ständigen Zuwachs nicht groß genug.

Miss Mable ist bis heute ungemein glücklich mit ihrem Sohn. Er ist viel größer als sie, die beiden schlecken sich gegenseitig ab, umhalsen einander und schlafen gemütlich Seite an Seite im Stroh, nichts geht den beiden ab. Weiters sind ja auch noch die zwei Schafe Marylin und Monroe bei ihnen im Stall. Später sind auch noch zwei Ziegenböcke, Mio und Mao, dazu gekommen. Monroe starb mit acht Jahren an einem Schlaganfall. Da hatten wir als Ersatz aber schon Mona, ein weißes Schaf, das die Vorbesitzer, meine Freunde Paul und Gerhard, zwei bekannte Tänzer, mit der Flasche groß gezogen haben, weil es von seiner Mutter nicht angenommen worden war. Als es dann groß genug war, um geschlachtet zu werden, brachten meine Freunde dies nicht übers Herz. So haben sie mir das Schaf gegeben. Mona lebt noch. Diese Stallgemeinschaft von sechs unterschiedlichen Vierbeinern und vier gefiederten Untermietern – vier friedliche Gockel – besteht in völliger Eintracht, eine richtige Tier-WG.

Moretti und Mozart

Im Sommer verbrachten bei uns immer viele Kinder ihre Ferien mit Reiten, Töpfern und Spielen. An einem Sonntag, als gerade Pferdemarkt in Langschwarza war, wollten meine acht Ferienkinder, Mascha und mein damaliger Pferdefachwirtlehrling Natalie unbedingt auf diesen Markt fahren, um sich Pferde und Kutschen anzusehen. Ich liebe den Markt nicht besonders, war aber leicht zu überreden. Wir fuhren mit unserem Kleinbus los. Während der Fahrt traf ich eine Abmachung, von der ich hoffte, dass sie auch den Kindern einleuchten würde. Ich sagte: »Hört mal her, ihr seht euch auf diesem Markt an, was ihr wollt, ich gehe währenddessen auf einen Kaffee. Ich bin nicht zu sprechen, auch nicht im Notfall!« Ich wollte verhindern, schon wieder mit irgendwelchem Tierleid konfrontiert zu werden. Die Kinder versprachen, mich nicht weiter zu behelligen. Sie liefen los, ich fand einen versteckten Sitzplatz in der Ecke eines netten Gasthauses und freute mich schon auf eine herrliche Stunde Ruhe zum Lesen.

Eine Viertelstunde war um, und weil ich in meinem Buch wirklich ein Stückchen weitergekommen war, fühlte ich mich schon ganz selig. Da aber kam meine Tochter Mascha angerannt. Sie war ganz rot im Gesicht vor Aufregung. Mir schwante Unheil. »Du, Mami, draußen sind zwei Ponys, denen geht es nicht gut«, rief sie völlig außer Atem. Ich brummte: »Vergiss es! Ich komme nicht gucken.« Sie war sauer, machte sich wieder davon, aber nur für kurze Zeit. Denn nun kam sie mit der gesamten Kinderschar an. Sie hatte sich Verstärkung geholt.

Ich versuchte Zeit zu gewinnen: »Okay, wir reden später! Jetzt esst erst einmal!« Dann kam auch Natalie und schilderte mir in fachmännischen Bildern, wie es diesen Pferden ging: Das Fahrgeschirr passe nicht, die Kutsche, die sie zu ziehen hatten, sei zu groß und die Leute, die drauf saßen, wären viel zu schwer. Sie redete so lange auf mich ein, bis ich endlich aufstand und zu den Ponys hinausging. Es waren ein schwarzes und ein blondes Tier. Ich sah sofort, was los war: An den Gurt- und Strangstellen war das Fell völlig abgewetzt und blutig, die Deichsel hatte die Beine der Tiere wund geschlagen, die viel zu großen Geschirre scheuerten ihre Köpfe wund. Aus lauter Zorn war ich erstmals ganz hilflos. Meine erste Reaktion bestand darin, wegzugehen, um Salben zu kaufen, die ich den Pferden auf ihre Wunden streichen wollte. Als ich mit der Salbe zurückkam, stand der Besitzer, ein bekannter Pferdehändler, neben den Ponys. Wieder hatte er vier fette Passagiere in die Kutsche gesetzt. Ich versuchte mit ihm ins Gespräch zu kommen, fragte ihn, warum er denn ein vollkommen unpassendes Geschirr und Gespann verwende und warum er so dicke Leute kutschieren lasse. Er gab mir zur Antwort, er wisse schon, was richtig sei. Die Pferde seien gestern kastriert worden und der Arzt habe ihnen Bewegung verordnet. Ich war schockiert. Bewegung nach einer Kastration bedeutet, die Pferde langsam eine Viertelstunde an der Hand zu führen. Mehr jedoch nicht! Hier aber wurde den Tieren Schwerstarbeit abverlangt. Als die Pferde von ihrer mühseligen Runde zurückkehrten, sah ich, dass das schwarze Pony nur noch die Vorderbeine bewegte, die hinteren schleifte es steif nach. Die Kutsche wurde nur noch vom blonden Pferdchen gezogen. Jetzt war ich nicht mehr nur wütend, jetzt kam ich in Rage. Das ist ein ziemlich gefährlicher Zustand.

Dank meiner lauten Stimme haben alle gehört, wie ich daraufhin losschimpfte: »Was machen Sie denn da? Sehen Sie nicht, wie Ihre Tiere hier gequält werden und vor lauter Schmerzen gar nicht mehr gehen können?« Den Umstehenden rief ich laut und vernehmlich zu: »Eine Schande ist das, ihr wollt euch Pferdefreunde nennen und seht alle zu, wie diese kleinen Ponys gequält werden! Schämt Euch!« Alle drehten sich weg, keiner hat mir geholfen, es war allen nur peinlich und ich stand – wie immer – alleine da. Alleine, aber als »Heldin«! Selbst meine Kinder hatten Angst um mich, als ich so losdonnerte. Doch ich war nicht mehr zu bremsen. Im Gegenteil, es wurde noch dramatischer, als die Frau des Pferdebesitzers, eine kleine, schwarze, stark geschminkte Person, die mir bis zur Brust reichte, auf mich zukam, die Arme wild in die Seiten gestemmt, und schrie: »Was spielst du dich denn so auf?« Während sie sich keifend auf mich zu bewegte, suchte ich den Punkt zwischen ihren Augen, den ich mit meiner Faust treffen wollte, damit sie zu Boden ging. Gott sei Dank kam es nicht dazu, da der weit friedlichere Mann sich nun zwischen uns beide stellte und brüllte: »Wenn Sie schon so gescheit sind, dann kaufen Sie sie halt!« Worauf ich, um mein Gesicht zu wahren, triumphierend erwiderte. »Das mache ich auch!« Und so habe ich 30 000 Schilling für zwei kaputte Ponys bezahlt. Ich wusste zu der Zeit noch nicht, dass das schwarze Pony eine leichte Nierenquetschung hatte, die wir einen Monat lang massieren und mit heißen Tüchern behandeln mussten. Dieses Pony war so misshandelt worden, dass es nicht anders konnte, als alles, was kleiner war, zu beißen und niederzutrampeln.

Das blonde Tier nannten wir Mozart, das schwarze nach meinem Lieblingsschauspieler Moretti. Tobias Moretti ist mein Favorit unter den Schauspielern, weil er jede Figur, die er darstellt, auch wirklich zu sein scheint. In der Hundegeschichte »Krambambuli« von Marie von Ebner-Eschenbach, in der er den Wilderer spielt, fand ich ihn großartig.

Mozart sieht aus wie ein Feenkönig, es fehlt ihm nur das Einhorn. Auch Moretti ist ein besonders schönes Tier, wie ein Friese in Kleinformat. Als meine Mutter auf den Hof kam und Mozart sah, den sie noch nicht kannte, fragte sie unverzüglich: »So ein wunderschönes Tier! Wo hast du es her?« Ich erzählte ihr, dass ich die beiden gekauft hätte, um sie aufzupäppeln und weiter zu verkaufen. Daraufhin meinte meine Mutter: »Das darfst du nicht! So ein wunderschönes Tier gibt man nicht her!« Auf Mozart und Moretti reiten heute mit großem Vergnügen die leichten Kinder bis zu 30 Kilo.

Eigentlich wollte ich unsere Ponys Mozart und Moretti retten, gesund pflegen und weiter verkaufen. Das ist mein ewiger Selbstbetrug. Ich gehe anfangs fast immer davon aus, ein Tier nur vorübergehend bei mir aufzunehmen und es dann an einen guten Platz weiterzugeben. Aber dann wächst es mir jedes Mal so ans Herz, dass ich mich nicht mehr von ihm trennen kann.

Oft denke ich, ich wäre eine vorbildliche Ehepartnerin. Ich stelle mir vor, je länger ich mit jemandem zusammen wäre, umso lieber würde ich ihn haben. Aber gleichzeitig weiß ich, dass dies nur bei Vierbeinern funktioniert. Und so bleibe ich eben mit meinen Tieren glücklich verheiratet.

Die Bernhardinerhündin Muffel

Eines Tages rief mich meine Freundin Inge Elkan an, die als Journalistin für einige Boulevardblätter schrieb. Sie war schon mit meinem Vater befreundet gewesen und hat im Waldviertel einen Hof mit vielen Tieren, darunter auch wilde wie Wölfe und Füchse und exotische wie einen Puma, einen Ozelot und Pfaue. Sie erzählte mir, eine Freundin von ihr, die zwei Hunde, eine Bernhardinerhündin und einen Yorkshire Terrier, habe, liege im Sterben. Für den Terrier habe sie einen Platz, aber den Bernhardiner traue sich niemand zu. Wenn ich ihn nicht nähme, würde er eingeschläfert werden, appellierte sie an mein ewig mildes Herz. Ein Leben an der Kette würde er nicht überleben.

Ich fuhr zur angegebenen Adresse und sah mir den Bernhardiner an. Die Besitzerin lag im Krankenhaus, eine Nachbarin kam zweimal am Tag vorbei. Die große Hündin war mit dem kleinen Terrier alleine. Sie war ein mächtiges Tier, der Kopf so groß wie ein ganzer Dackel, distanziert, aber sanftmütig. »In Ordnung«, sagte ich, »ich nehme die Hündin.« Ich fuhr ein zweites Mal hin und spielte mit ihr. Sie war groß, viel zu dick und sehr faul. Sie wog sicher an die 90 Kilo. Als die Besitzerin aus dem Spital nach Hause kam, bin ich ein drittes Mal zu ihr gefahren. Ich wollte, dass der Hund sein Frauchen noch einmal sah, ehe er sich von ihr verabschieden musste. Als ich ankam, lagen die Hunde bei der Kranken am Bett. Dann holte die neue Besitzerin den Terrier ab. Auch Inge Elkan war da, wir verabschiedeten uns mit Sekt von der kranken Frau. Nach einer Weile sagte ich zum Bernhardiner: »Weibi, es ist Zeit, dass wir gehen.« Die Hündin stand auf, ganz ohne Leine und ging ohne ein Zeichen des Widerstandes mit mir zu unserem gelben Bus. Kaum betrat sie zu Hause unseren Hof, fühlte sie sich unverzüglich wohl. Unsere Dackel tanzten um den Koloss herum, sie waren begeistert, wieder so einen mächtigen Gefährten zu haben. Denn kurz zuvor war unser großer Hund Pezi gestorben, ein wunderschöner Hund, den wir während eines Gewittersturmes gefunden hatten, eine Mischung aus Bernhardiner und Collie. Pezi war ein Prinz und lebte acht Jahre auf dem Hof.

In der Zeit, als der Bernhardiner Muffel bei uns lebte, sind alle fünf Dackel gestorben, sie waren schon uralt. Da war Muffel plötzlich ganz alleine. Darüber war sie todunglücklich, sodass Mascha und ich nach Tschechien fuhren, um zwei Labradorbabys, Michael und Isabella, zu kaufen. Muffel hat die beiden großgezogen und ihnen alles beigebracht. Nach weiteren eineinhalb Jahren ist Muffel mit 13 Jahren, einem hohen Alter für einen Bernhardiner, gestorben.

Die Hengste Michelangelo und Marco Polo

Der Hengst Marco Polo kam im Bauch seiner Mutter Marietta, einer Haflingerstute, zu uns. Der Fleischhauer, der sie schlachten wollte und dem wir sie abgekauft haben, hat nicht geahnt, dass sie trächtig war. Elf Monate später wurde uns Marco Polo geschenkt. Er erblickte im Kreis zahlreicher kleiner Zuschauer das Licht der Welt. Es war gerade Ostern, ein Haufen Kinder war zu Besuch. Die Stute wieherte und schrie, ich brachte sie in die Box, die Kinder eilten herbei und standen ruhig im Kreis um das Geburtsereignis herum. Es ist selten, dass ein Pferd sein Junges im Beisein von Neugierigen zur Welt bringt. Bei Marietta war es vier Uhr nachmittags und es ging ganz schnell. Danach schleckte sie kurz ihr Baby ab, stand auf, drehte sich um und ging fressen. Die Kinder rubbelten das Fohlen mit Stroh trocken. Zehn Minuten später stand es auf und ging zur Mutter trinken. Es hatte bereits gerade Füße, riesige Augen und war ganz stark, deshalb nannten wir den Hengst Marco Polo, den Eroberer. Marco Polo ist ein Menschen liebendes Pferd geblieben, voll Vertrauen. Unter den Haflingern ist er der Chef.

Weil Fohlen nicht alleine aufwachsen sollen, haben wir uns um einen Freund für Marco Polo umgesehen. Ein Bekannter von mir besitzt eine Stute, die drei Wochen nach unserer Marietta einen Hengst zur Welt gebracht hat. Den kauften wir als Fohlen, er kam mit fünf Monaten von der Mutter weg und zu uns.

Marco Polo war ein starker, selbstbewusster Knabe. Der andere Junghengst war im Gegensatz dazu ein Schöngeist und ein bisschen abgehoben. Deshalb nannten wir ihn Michelangelo, riefen ihn aber nur Micki. Wir stellten beide zusammen in die Box, zwei fünf Monate alte Rabauken. Marco hat Michelangelo gleich zu Beginn einen heftigen Schlag mit seinem Huf versetzt. Das bedeutete, du kannst mein Freund sein, aber ich bin der Chef. Micki hat diese Hierarchie akzeptiert, bis zum heutigen Tag. Sie halten zusammen. Wo Marco hingeht, da geht auch Micki hin, sie lieben einander, aber Marco gibt den Ton an. Alleine ist Micki ein Feigling, wenn aber Marco bei ihm ist, kann auch er schon einmal ganz schön mies sein!

Marco war ein absoluter Charmeur und hat die Damen, wenn er sie decken wollte, zuerst mit einem Büschel Gras im Maul umworben, zärtlich und sanft. Micki war, im Gegensatz zu seinem sonstigen Naturell, bei den Damen ein Rohling, ein grober Kerl, äußerst unangenehm. Er kam einfach angerast und sprang auf die Stute drauf, basta.

Mit drei Jahren, nachdem sie zusammen schon für drei Babys gesorgt hatten, mussten wir sie kastrieren lassen, damit wir sie auch in der Herde halten konnten, was bei Hengsten sonst nicht möglich wäre. Uns wäre auch eine anhaltende Fohlenvermehrung zu teuer gekommen.

Tiere sprechen miteinander

Micki, obwohl Schöngeist, konnte, als er noch Hengst war, recht unangenehm werden. Welch edle Charakterzüge er immer auch mitgebracht haben mochte, den ältesten Wallach Majeure, der von Anbeginn an am Hof war, hat er ständig geschlagen. Er hat ihn auf diese Weise wissen lassen, dass er, Majeure, längst kein Mann mehr war. Micki war ein richtiger Halbstarker, so nach dem Motto: »Alter Mann, was willst du noch hier?!«

Mimi, Majeures Freundin, war die Marilyn Monroe unter den Stuten. Sie hatte großen Sex-Appeal, ohne sich deshalb irgendjemandem aufzudrängen. Majeure war ihr Bewacher. Mit ihnen wurde ich einmal Zeugin eines Ereignisses, seit dem ich sicher bin, dass Tiere miteinander reden.

Beide Junghengste, Marco und Micki, wurden von einem Tierarzt kastriert, und zwar in der kleinen Halle, die für einige andere Pferde durchaus einsehbar ist. Vor allem Mimi sah bei der Prozedur aufmerksam zu. Nur Majeure stand so, dass er keinen Einblick hatte. Wir litten furchtbar und haben auch geweint, den beiden fröhlichen Hengsten das antun zu müssen, aber es musste sein. Marco hat mir die Entmannung ein halbes Jahr lang übel genommen.

Vier Tage nach der Kastration wurden die beiden Jungs wieder in die Herde gelassen. Da passierte etwas Faszinierendes: Micki raste auf den Wallach Majeure zu und fing nach alter Manier wieder an, ihn zu schlagen und zu beißen. Der gutmütige Majeure wehrte sich wie immer nicht. Stute Mimi ging dazwischen und verjagte den jungen Rabauken. Majeure stand da mit hängendem Kopf. Mimi stellte sich zu Majeure und es schien, als flüstere sie ihm etwas ins Ohr. Nach wenigen Minuten drehte Majeure sich um, trabte auf Micki zu und schlug ihn voll auf die Brust. Das hatte er noch nie vorher gemacht! Von da an hat es nie wieder Probleme zwischen diesen beiden Pferden gegeben.

Was hat Mimi ihrem Majeure zugeflüstert? Ich kann mir nichts anderes denken, als: »Hey Alter, lass dich von dem nicht mehr verprügeln, auch er ist jetzt kein Hengst mehr. Lass dir von ihm nichts mehr gefallen!« Man hat es durchaus so verstehen können.

Immer, wenn neue Tiere bei uns in den Hof hereinkommen, spüre ich, wie ein Energiefluss dem Neuankömmling entgegenströmt. Als würden ihm alle eingesessenen Tiere entgegenrufen: »Komm herein, hier wird alles gut – hier ist alles Liebe.«

Die Stute Mia

Mia fand ich bei einem Tier- und Pferdefleischhändler. Sie war bei ihm gelandet, weil sie ihre Fohlen alle tot zur Welt gebracht hatte. Vermutlich waren alle während des Geburtsvorgangs erstickt.

Mir gefiel die schöne Stute. Der Viehhändler warnte mich, dieses Pferd sei ein echtes Miststück, sie beiße und schlage wild um sich und ließe sich nicht reiten. Ich wollte es nicht glauben.

So machte ich mit dem Viehhändler einen Deal. Ich wettete mit ihm, wenn ich es zustande brächte, dieses Pferd zu zäumen, zu satteln und zu reiten, würde ich ihm 500 Schilling zahlen und das Pferd gehöre mir. Wenn er Recht behielte, bliebe es dabei, dass er es schlachten dürfe. Wir besiegelten diese Vereinbarung mit Handschlag, er war sich sicher, er würde gewinnen. Ich auch.

Für ein paar Minuten stellte ich mich daraufhin mit der Stute auf die Seite und redete unter vier Augen auf sie ein. Ich erklärte ihr, dass dies nun ihre letzte Chance sei, entweder Tod oder Leben. Das Tier hörte mir mit leicht gesenktem Kopf und aufgestellten Ohren aufmerksam zu. Es war nicht schwer, ihr meine Spielregeln einzuflüstern. Und siehe da: Nach diesem kurzen Zwiegespräch ließ sie sich von mir zäumen, satteln und auch reiten. Nicht nur von mir, sondern auch von zweien meiner Lehrlinge, die mich begleitet hatten.

Der Viehhändler war blass geworden, aber er hielt Wort. Die Stute kam für 500 Schilling in meinen Besitz. Wir nannten sie Mia.

Als Mia vier Jahre bei mir war, bekam sie vom Hengst

Marco ein Baby. Sie war bereits 19 Jahre alt und es war dies ihr erstes Fohlen, das am Leben blieb! Allerdings ging es bei ihr etwas dramatischer zu als im Normalfall. Das Fohlen war sechs Wochen zu früh gekommen. Berechnet war die Geburt für März, geboren wurde es im Jänner.

Mia war überglücklich, ein Kleines zu haben, sodass sie überreagierte. Jedes Mal, wenn ihr Fohlen sich hinlegen wollte, um auszuruhen, wurde es von der Mutter wieder in die Höhe gestupst. Mia hatte unbändige Angst, auch dieses Fohlen zu verlieren. Hinlegen war für sie fälschlicherweise ein Zeichen, dass es zu Ende ging. Immer wieder schob Mia ihren Kopf unter das Fohlen, um es aufzurichten. Auf diese Weise ist das kleine Tier nie zur Ruhe gekommen, die es als Frühchen dringend gebraucht hätte. Nur kurz habe ich dem Schauspiel zugesehen, dann bin ich eingeschritten: Das Fohlen musste sich hinlegen können, um zu Kräften zu kommen.

Tagsüber war die Stute abgelenkt, sodass das Kleine schlafen konnte. Aber nachts war sie unruhig und hat ihr Baby ständig geschupst und aufgerichtet. Und so zog ich mit meinem Schlafsack für die nächsten Nächte in die Box ein. Es war Jänner und bitterkalt. Da lag ich also zwischen dem Fohlen und seiner Mutter – auf jeder Seite ein Tier. Man möchte meinen, dass mir warm gewesen wäre, aber ich fror gewaltig, trotz Daunenschlafsacks und dicker Strohunterlage. Das Thermometer zeigte minus 25 Grad Celsius.

Doch ich hielt vierzehn Tage durch, ohne krank zu werden! Auch das Fohlen, das nun ruhig schlafen konnte, hat sich wunderbar erholt. Wir tauften die Kleine Mitia, nach einer Frauenfigur des beeindruckenden Romans »Die Vergessenen der Taiga« von Wassili Peskow, den ich eben mit großer Begeisterung und Betroffenheit gelesen hatte.

Nach 14 Tagen war Mitia so weit erholt und kräftig geworden, dass ich sie mit ihrer Mutter alleine schlafen lassen konnte. Mia hatte begriffen, dass ihr Fohlen nun nicht mehr gefährdet war, dass es lebte und es nach jedem Hinlegen auch wieder aufstehen würde.

Mit der Cowboypistole ins Ohr der Schafe

Vor acht Jahren kam ich in ein Städtchen, in dem gerade ein Faschingsfest für Kinder stattfand. Dort war eine kleine Arena aus Strohballen aufgebaut. Darin befanden sich zwei winzige Schafe, zwei Ziegen und zwei Hasen, die die Kinder im Kreis herumjagten. Keines dieser Tiere war älter als sechs Wochen. Mich erschütterte, dass die Erwachsenen bloß herumstanden und lachten und keiner von ihnen die Angst dieser Tierbabys erkannte. Ich stieg zu den Kindern in die Arena und versuchte ihnen zu erklären, wie man sich auch in Ruhe mit diesen Tieren beschäftigen könne. Ich riet ihnen, sich einfach hinzusetzen und zu warten, bis die kleinen Tiere von selber auf sie zukämen, statt sie zu jagen. Denn auf die Neugier der Tiere ist Verlass. Einige Kinder setzten sich brav mit mir auf die Strohballen, nahmen Karotten in die Hand und warteten gemütlich. Die kleinen Schafe und Ziegen kamen im Nu neugierig angerannt und ließen sich füttern und streicheln. Ich dachte, jetzt haben es die kleinen Menschen kapiert und ging einkaufen. Als ich zurückkam, hatte jedoch das Theater von vorne begonnen. Die Quälerei war sogar noch schlimmer geworden. Ein kleiner Bub fand großen Spaß daran, mit seiner Cowboypistole voll Platzpatronen einem kleinen Schaf ins Ohr zu knallen. Es war der Bub des Fleischers, der es offensichtlich nicht anders gewohnt war.

Ich holte mein Auto, fuhr es zu den Strohballen, hob die Tiere einzeln aus der Arena heraus, lud sie in meinen Wagen und fuhr mit ihnen davon. Kinder und Erwachsene schauten verwundert zu. Mein Auto war ein kleiner Volvo mit umgelegten Rücksitzen, die kleinen Tiere passten ohne Probleme in den Fond des Wagens. Sie waren so erschöpft, dass sie sich sofort hinlegten und einschliefen, glücklich, gerettet worden zu sein. Kein einziges »Mäh« war zu hören. Ich brachte sie zu mir nach Hause, fuhr dann wieder zurück und meldete auf der Gemeinde meinen »Diebstahl«. Denn ich beabsichtigte, die Tiere den Besitzern abzukaufen. Ich erhielt Adresse und Telefonnummer, rief die Bauern an und kaufte ihnen die Tiere zum Fleischpreis ab. Spätestens zu Ostern oder zu Pfingsten wären sie ohnehin am Grill oder in der Pfanne gelandet. So aber war mein Zoo um zwei Schafe, zwei Ziegen und zwei Hasen reicher.

Der Tod der Stute Madeleine

Madeleine war eine Stute, die ich ebenfalls von einem Viehhändler geholt hatte. Sie stand kurz vor dem Abtransport in den Schlachthof nach Wien. Sie lahme und sei verrückt, aber andererseits sehr hübsch. Niemand mochte das Pferd und deshalb müsse es zum Schlachthof. Madeleine war eine sehr große, dünne Stute, mit unendlich sanftem, sehnsüchtigem Ausdruck in den Augen. Ihr Blick war schmerzvoll. Als ich sie zum ersten Mal sah, strich ich ihr mit der Hand über den Rücken. Sie brach stöhnend zusammen. Es bestand nur noch die Wahl, sie zu schlachten oder jemanden zu finden, der in ihr nicht nur das Arbeitstier sah, das nutzlos geworden war. Sie war eine leidende Seele, die nur noch in Ruhe gelassen werden wollte.

Ich nahm sie mit. Das Wichtigste war nun, ihr zu helfen, sich wieder als Pferd zu spüren. Sie sollte die Freude am Leben zurückbekommen, wieder hergestellt und aufgebaut werden. Das Wort »heilen« will ich hier nicht verwenden, dies ist ein zu heikles Wort, das oft missbräuchlich verwendet wird. Ich versuche zu helfen, ich maße mir nicht an, mich Heilerin zu nennen, ich bin eine Helferin. Die Heilung kommt von außen und von den Kranken selbst, ich bin nur ein Mittel zum Zweck. Wie der Strom aus der Büchse ins Radio durch ein Kabel fließt, so sind die Heiler die Kabel vom Kosmos in den jeweils kranken Menschen oder das kranke Tier.

Ich habe Madeleine gekauft, als sie schon 15 Jahre alt war, also nicht mehr ganz jung. Sie war anfangs ein Rennpferd, ein Galopper, hat aber nach ihrer Rennlaufbahn im Burgenland eine Kutsche gezogen. Wir schonten sie erstmals ein halbes Jahr und führten sie nur an der Hand. Madeleine hatte heftige Schmerzen im Rücken, sodass sie keine Kontrolle mehr über ihre Beine hatte und nur noch vor sich hin stolperte. Mit der Methode von Linda Tellington-Jones, der ersten originalen Pferdeflüsterin in den

USA, die ich später näher beschreibe, haben wir sowohl ihre seelischen wie die körperlichen Schmerzen mit den Händen aufgespürt und sie ihr dann nehmen können. Nach einem halben Jahr stand ein völlig neues Pferd vor uns, selbstbewusst, fröhlich und frei von Behinderungen.

Der Amselhof ist kein Gnadenhof, auf dem die Tiere nur herumstehen und in die Luft starren. Bei uns dürfen die Tiere etwas tun, sie brauchen eine Beschäftigung. So haben wir auch Madeleine in ihr gewohntes Leben zurückgeführt und sie daran gewöhnt, wieder als Reittier zu arbeiten. Zu neunzig Prozent waren es Kinder, die ich auf ihr reiten ließ. In der Reithalle verhielt sie sich brav und folgsam, im Gelände aber war sie eine sehr energische Dame. Immer wollte sie die Erste sein und speziell im Galopp hat sie keinen an sich vorbeigelassen. Es war ihr anzumerken, dass sie früher Rennen gelaufen ist. Sie war überaus ehrgeizig. Bei den kleineren Haflingerpferden stand sie hoch in der Gunst, und auch bei den größeren Pferden genoss sie großes Ansehen. Problemlos brachte sie meine Reitschulkinder durch die diversen Reiternadel- und Reitpassprüfungen. Sie half vielen Menschen dabei, wieder Vertrauen zu sich und zum Tier zu finden, war sanft und liebevoll. Sie ließ sich von Kindern putzen und zupfen, ertrug alles mit fröhlicher Miene und war nie ungeduldig.

Sie wurde 33 Jahre alt, bis zum Schluss ist sie ins Gelände gegangen, wir nannten sie nur noch »die Weisheit«. An dem Tag, an dem sie starb, galoppierte sie auf der Koppel wie ein Fohlen umher. Meine Tochter, die gerne fotografiert, machte schöne Aufnahmen von ihr, weil wir uns wunderten, wie ein 33-jähriges Pferd noch solche Bocksprünge ausführen konnte. Sie wälzte sich genussvoll in der Wiese, sprang auf und galoppierte weiter. All diese

Energie hätte man einem so alten Pferd nicht zugetraut. Ich glaube, sie spürte bei all der Ausgelassenheit, dass an diesem Tag noch etwas Besonderes geschehen würde. Vielleicht hörte sie auch die Rufe von ihren Freunden Majeure und Mimi, die ihr in den Himmel vorausgegangen waren.

Am Abend fraß sie im Stall voll Freude, nichts war ihr anzumerken. Um 21 Uhr, während der Gute-Nacht-Runde, wenn der eine oder andere noch einen Apfel oder eine Karotte als »Betthupferl« erhält, sah ich sie wie jeden Tag gemütlich bei ihrer Freundin Michelle in der gemeinsamen großen Box stehen. Diese Box war in der Mitte nur durch eine Stange in 70 cm Höhe in zwei Teile abgetrennt. Diese Abgrenzung wurde von den beiden Damen seit Jahren respektiert. Jede schlief auf ihrer Seite.

Am nächsten Morgen kam ich um 7 Uhr früh in den Stall und Madeleine war tot. Sie war in dieser Nacht über die Stange in das Abteil von Michelle gestiegen und hatte sich zu ihr zum Sterben hingelegt. Michelle stand über Madeleine gebeugt, wie eine Stute über ihrem Fohlen. Und da soll mir noch jemand sagen, dass Tiere nicht wissen, wann sie gehen müssen. Das war eine bewusste Aktion von meiner Madeleine. Die Einstreu war nicht durchwühlt, es gab keine Anzeichen von Schmerzen und Kämpfen, sie hat sich einfach hingelegt und ist eingeschlafen. Nur diesmal hat sie den Schutz und Beistand gesucht. Michelle war ihrer Freundin beim Sterben beigestanden.

Zwei Monate später entschied sich Michelle, ihrer Freundin zu folgen und fiel auf der Koppel einfach tot um. Sie war 28 Jahre alt. Auch sie hatten wir im Alter von zehn Jahren gerade noch vom Fleischhauerwagen gekauft, mit dem sie wegen angebrochener Vorderbeine zum Schlachter gebracht werden sollte. Mit verschiedenen Ölen und meinen Händen habe ich Michelles Vorderbeine bearbeitet. Bei uns im Hof stand sie in ständigem Kontakt mit Menschen, weil sie ein Westernpferd, auch »Quarter« genannt, gewesen war, das meines Erachtens auf sehr harte Art und Weise »gebrochen«, das heißt mit sehr viel Härte, behandelt worden war. Sie reagierte nur auf Befehle. Sie war völlig unselbstständig, was meinen Prinzipien zuwider läuft, denn ich will, dass meine Pferde selbstständig handeln, dass sie mir zuliebe etwas tun und nicht aus Angst. Ich möchte, dass ein Tier mir folgt, weil es mich mag und nicht, weil es fürchten muss, eins auf die Nase zu bekommen. Ihre Freundschaft und ihr Respekt sollen auf Liebe aufbauen und nicht auf Furcht. Diesen Grundsatz befolgen heute Gott sei Dank immer mehr Menschen.

Dem Pferd waren nicht nur die Vorderbeine gebrochen worden, sondern auch das Selbstvertrauen. Durch den ständigen, sanften Kontakt, den wir mit ihr hielten, fing sie an, wieder Vertrauen zu Menschen zu erlangen. Sie lernte, dass der Kontakt zu Menschen auch anders als durch Befehle erfolgen konnte. Bei jedem, der sie angreifen und streicheln wollte, verkrampfte sie sich anfangs noch völlig, ihr Gesicht legte sich in Falten und sie war ganz verschreckt.

Beim Anblick von Sattel und Zaumzeug verfiel sie regelmäßig in Panikattacken. Erst da wussten wir, dass ihre gebrochenen Beine vom Reiten herrühren mussten. Das Pferd war nur allmählich wieder an Halfter und Stricke zu gewöhnen. Wir ritten sie zuerst auch ohne Sattel, nur mit einer Decke. Es dauerte vier bis fünf Monate, bis wir einen Sattel auflegen konnten.

Ich habe der Stute viele Tropfen Bachblüten verabreicht, aber es hat lange gedauert, bis sie uns Menschen gelöster und vertrauensvoller entgegenblickte. Nach einem Jahr waren die Beine wieder so weit in Ordnung, dass sie normal galoppieren konnte. Erst da haben wir sie langsam wieder ans regelmäßige Reiten gewöhnt. Wir ritten Michelle all die Jahre, die sie bei uns war, immer ohne Trense. Selbst bei Prüfungen, die sie mit den Kindern ablegte, durfte sie ohne Gebiss reiten. Vor allem kleine Kinder suchten sich am liebsten Michelle als ihr Lieblingspferd aus. Sie war auch beim Voltigieren mit den Kleinsten ein Schatz. Wenn ein Kind zu rutschen anfing, blieb Michelle sofort stehen und wartete, bis das Kind wieder richtig saß. Sie war eine gute Lehrerin. Und das noch 17 Jahre, nachdem man sie schon zum Schlachter hatte bringen wollen.

Man muss auch den Tieren Chancen geben und soll nicht sofort nach etwas Neuem Ausschau halten. Weg mit dem Pferd, wenn es verletzt ist! Diese Einstellung lehne ich ab. Man kann ein Tier nicht wie ein Sportgerät behandeln, etwa wie einen Tennisschläger, der gerissen ist und sofort ausgemustert wird. Ein Pferd ist kein Sportgerät! Wenn es krank wird, muss man ihm die Zeit geben, wieder gesund zu werden. Reitern mit dieser Gesinnung schlage ich vor, lieber Golf oder Tennis zu spielen. Das ist auch teuer und elitär, geht aber nicht auf Kosten eines wertvollen Lebewesens.

Unsere wunderbare Reise mit Gänsen

Vor zehn Jahren kam ich um Martini an einer Gänsezuchtstation vorbei, in der gerade alles Federvieh zur Schlachtung zusammengetrieben wurde. Die Luft war erfüllt von Gekreische. Ich blieb stehen und fragte, was denn los sei. Man antwortete nur: »Martini!« Da ich nicht allen Gänsen das Leben retten konnte, kaufte ich als symbolische Geste drei Exemplare. Der Züchter fragte hilfsbereit, ob er sie gleich schlachten solle. Ich schrie: »Nein, ich will sie lebend!« Daraufhin schloss er: »Also wollen Sie sie selber schlachten!?« Ich darauf: »Nein, nein, ich will sie bei mir behalten bis zu ihrem natürlichen Tod. Wir essen keine Gänse zu Martini.« Kopfschüttelnd packte er mir drei Gänse in drei Schachteln, drei Weibchen, eine weiße, eine grauweiße und eine graue. Erst im drauffolgenden Jahr legten sie Eier, die wir uns mit Wonne zubereiteten. Eigens sind Freunde von weither herbeigekommen, um Spiegeleier von Gänsen auszuprobieren. Ein Gänseei ist zwölf Mal so groß wie das Ei eines Zwerghuhns und ein richtiger Genuss.

Eines schönen Sommers schlug bei heftigem Gewitter ein Blitz neben der Reithalle ein. Die Gebäude blieben unbeschädigt, nur die Graugans erlitt einen derartigen Schock, dass sie auf der Stelle tot umfiel. Ein Jahr später lag die zweite Gans mit ausgebreiteten Flügeln auf ihrem kleinen Teich. Auch bei ihr muss es wohl ein Herzschlag gewesen sein. Natürlich haben wir sie nicht verspeist, sondern gebührend andächtig beerdigt.

Also blieb uns nur noch eine, und zwar diejenige, die

immer die kränkelnde, hinkende, langsamste war. Im Winter habe ich sie regelmäßig mit Rheumatropfen behandelt, weil sie so elend umherzog.

Ich beauftragte meine Freundin von der Tierhandlung, mir zwei neue Gänse zu beschaffen. Ich fürchtete, dass sonst auch meine Verbliebene noch sterben würde. Sie besorgte mir zwei junge Gänse. Man versicherte mir, dass es Weibchen seien. Die alte Gans legte weiterhin brav ihre Eier, bei den beiden Jungen mussten wir ein Jahr später feststellen, dass es Männchen waren. Ständig haben die beiden Ganter nun um die eine alte Gans gestritten, beide mit Erfolg. Nachdem meine Familie, meine Nachbarn und Freunde jedes Ei, das gelegt wurde, gleich verspeisen wollten, musste ich trickreich vorgehen, um eines zu retten, das befruchtet war. Nur ein einziges Ei konnte ich vor dem Heißhunger meiner Freunde bewahren, es blieb mir zur Aufzucht. Die Muttergans brütete und Gänsekind Felizitas kam zur Welt. Alle drei Großen haben das Kleine rührend behütet und umsorgt. Felizitas wuchs mit Riesengeschwindigkeit heran, im Mai 2007 hatte sie selbst schon sieben Babys. Ihre Mutter bekam noch fünf. Da war plötzlich sehr viel zu tun. Doch die Gänsemütter erhielten von ihren Männern auch jegliche Hilfe. Während die Weibchen noch in ihrem Häuschen über den Eiern brüteten, kümmerten sich die Männchen in ihrem Gehege schon überaus rührend um die geschlüpften Küken. Was bei Menschen nicht immer funktioniert – halbe halbe bei der Kindererziehung – gelingt in der Gänsefamilie auf Anhieb.

Nicht gesucht und doch gefunden

Viele Tiere habe ich anderen Menschen abgekauft. Aber es sind mir viele auch ohne mein Zutun zugelaufen. Oder sie wurden mir einfach gebracht, zum Beispiel Häschen und Katzen, an denen die Kinder nach Abklingen der ersten Begeisterung ihre Freude verloren hatten. Babykatzen sind mir in Säcken vor das Hoftor gelegt worden. Vögel wurden mir überbracht, nachdem ihre Besitzer plötzlich Allergien gegen sie entwickelt hatten. Es hat sich herumgesprochen, dass ich keines der Tiere abwies. So läuft es bis heute. Ich fühle mich verantwortlich für diese ausgesetzten, ungewollten Tiere. Es ist dies jedes Mal eine Entscheidung auf Leben und Tod. Würde ich sie nicht zu mir hereinlassen, wäre dies für die Verstoßenen das sichere Ende. Man würde sie einschläfern oder woanders aussetzen, wo sie vielleicht nicht gerettet würden. Ich kann nicht zulassen, dass ein Tier stirbt, nur weil ich es abgewiesen habe. Zu den mir zugelaufenen und bei mir abgegebenen Tieren gehören das Schweinchen Engelbert, viele Hühner, Katzen, Hasen und Vögel, die heute meine Menagerie bereichern und großartig ergänzen.

Das Schweinchen Engelbert

Eines Tages stand ein wildschweinähnliches Geschöpf, pechschwarz mit langen Borsten, an unserem Pferdezaun. Wir haben einen Mann bei uns im Dorf, der Hängebauch-

schweine hält. Wir glaubten, dass dieses nur von ihm sein konnte, denn neben seinen Hühnern lässt er auch seine Schweine gerne frei im Dorf umherlaufen. Meistens entkommen sie durch die Gartentür hinten auf die Felder hinaus. Aber manchmal tummeln sie sich auch im Ortskern, wo sie die Äpfel vom Boden auffressen.

Ein Schwein, das regelmäßig zu unserem Zaun kam, tauften wir Engelbert. Es kam jeden Tag, ging nicht weg, saß auf unserem Misthaufen bei unserer Kuhkoppel und übernachtete dort, sogar als die Nächte schon sehr kalt waren. In der Früh holte Engelbert sich regelmäßig seine Rübenschnitzel mit Hafer, das gleiche Futter, das auch die Pferde bekamen. Und wenn die Pferde auf die große Koppel rannten, wackelte das Schweinchen stets glückselig mit. Es blieb den ganzen Tag mit ihnen auf der Weide. Das ging so eineinhalb Monate lang. Immer spazierte Engelbert außen um unseren Hof herum. Beim Nachbarbauern grub er sich immer wieder im Stroh ein. Wenn die Nachbarn ausritten, lief er laut quäkend hinter ihnen her. Kein Wunder, dass die Leute sich belästigt fühlten. Sein Anblick ist nicht gerade liebreizend.

Mascha hörte eines Tages, dass Engelbert zum Abschuss freigegeben sei, weil sich niemand für ihn zuständig erklärte. Ich dachte, wenn das so ist, dann ist er Freiwild, somit kann er ebenso gut zu uns in den Hof hereinspazieren, wenn er dies freiwillig tut. Als er wieder reichlich grunzend angewatschelt kam, warnten wir ihn: »Engelbert, wir sind deine letzte Chance!« Wir öffneten das Tor und er kam majestätisch grunzend in den Amselhof herein. Das war im Spätherbst 2005.

Engelbert ist kein Wildschwein, er ist aber auch kein Hausschwein. Wir haben nie herausgefunden, wem er eigentlich gehörte. Es könnte sein, dass er von einem fernen Pferdehof, der aufgelöst wurde, stammt. Denn er hält sich für ein Pferd. Er schläft bei den Pferden und hat sich dort ein Bett aus Stroh gemacht. Er ist sauberer als viele andere Tiere, sauberer sogar als eine Katze, die schon zu den reinlichsten Tieren gehört. Im Winter ist er mit seinen Borsten völlig zugewachsen, im Sommer verliert er sie alle, liegt dann kahl im Schlamm und suhlt sich.

Scherzhalber sage ich, Engelbert ist thailändischer Herkunft, wegen seiner schräg gestellten Augen und kleinen Ohren, die völlig zerfranst sind. Irgendwie sieht er auch aus wie Arnold Schwarzenegger in seinen besten Jahren. Breite Schultern, schlanke Taille und kleiner Po. Er ist ein ganz friedliches Tier und läuft eher davon, anstatt zu kämpfen. Kein Mensch weiß, wie alt er ist. Er hat jetzt eine

fixe Box bei den Pferden. Abends, wenn ich den Pferden gute Nacht wünsche, sehe ich ihn nicht mehr, er hat sich ganz mit Stroh zugedeckt. Ich glaube, er führt ein genussvolles Luxusleben. Er ist das einzige Schwein auf meinem Hof, einzigartig in jedem Fall. Er schmust mit den Pferden, frisst mit ihnen, lebt mit ihnen, liebt alle Tiere. Vielleicht träumt er insgeheim aber doch von einer Schweinedame. Manchmal überlege ich, für ihn ein zweites Schwein zu besorgen, weil bei uns keine Rasse allein bleiben muss. Vielleicht ist er aber doch ein Einzelgänger, denn er hat ja die anderen Schweinedamen im Dorf nicht aufgesucht. Er hat sich unseren Pferdestall ausgewählt und nicht den Schweinestall eines anderen Hofes. Er ist für uns ein grunzendes Pferd, er rast mit den Pferden wie besessen mit lautem Grunzen hinaus auf die Weide. Im gleichen Tempo wie sie. Und wenn in der Halle geritten wird, macht er sich das Hallentor auf, setzt sich in ein Eck und schaut zu. Führen wir die Pferde an der Leine, watschelt er mit und macht alles nach, was die Pferde ihm vormachen. Er war bestimmt einmal ein Pferd! Er hat deshalb vielleicht auch seine traurigen Augen, weil er ein Pferd in Schweinegestalt ist. Er frisst alles, was die Pferde fressen, Karotten, Hafer, Rübenschnitzel, Heu, hartes Brot. Kartoffel liebt er über alles, ebenso Zwiebeln und Äpfel. Aber auch Spaghetti und alle Nudeln, die übrig bleiben, auch Weizenkleie und Haferbrei.

Vielleicht müsste ihn jemand küssen, dann würde aus ihm ein großer schöner Prinz in einem schwarzen Pelz. Aber er läuft davon, wenn man versucht ihn zu küssen. Vermutlich möchte er gar kein Prinz werden, sondern ein Schwein auf unserem Hof bleiben.

Nächtlicher Hühnerüberfall

Eines Nachmittags kam mit einem unvorstellbar alten VW-Käfer eine sehr alte Bäuerin bei uns vorgefahren, die mir eine eigenartige Bitte vortrug. Sie erzählte uns, dass sie ihren kleinen Bauernhof aufgeben und ins Altersheim müsse. Ihr Problem dabei waren zehn Zwerghühner, von denen sie wusste, dass ihre Kinder sie schlachten würden, sobald sie nicht mehr auf sie aufpassen konnte. Sie habe gehört, dass ich Tiere vor unnötigem Schlachten bewahren würde, deshalb suchte sie unsere Hilfe. Niemand jedoch dürfe von unserer Rettungsaktion erfahren, am wenigsten ihre Kinder. So fuhren mein Freund Andi, mein Sohn Marius und ich bei Nacht und Nebel in die kleine Ortschaft, wo uns die alte Bäuerin schon erwartete. Mit Taschenlampen schlichen wir in den Hühnerstall und pflückten im wahrsten Sinn des Wortes neun Hühner und einen Hahn von den Stangen, auf denen sie fest schliefen. Die Tiere haben ruhig weitergeschlafen und keinen Ton von sich gegeben, als wüssten sie, dass es um ihr Leben ging. Wir setzten sie in Körbe, gaben Decken darüber, verstauten sie im Auto, küssten die alte Oma und fuhren nach

Hause. Wir kamen uns vor wie Hühnerdiebe. Während die alte Dame sich beruhigt ins Altersheim begab, wurde bei mir am Hof der Grundstock für mein Hühnervolk gelegt, das sich fortan bestens entwickelte. Keines von unseren Hühnern wird gegessen. Wenn sie sterben, werden sie begraben.

Alle Jahre wieder

Es gibt eine schwarze, relativ kleine zarte Katze, die jedes Jahr ungefähr zur gleichen Zeit – Ende April, Anfang Mai – von irgendwoher zu uns kommt und auf meinem Dachboden oberhalb der Pferde im Heu einzieht. Sie kommt mit einem dicken Bauch, bleibt acht Tage und frisst wie eine Wilde, ich füttere sie ausgiebig. Dann bringt sie ihre Babys zur Welt, bleibt nochmals zehn bis vierzehn Tage, bis die Kleinen aus dem Gröbsten heraus sind, und verschwindet wieder. Sie lässt ihre Kinder zurück, wohl wissend, dass ich die Mutterschaft übernehme. Ich ziehe die Kleinen mit dem Fläschchen auf, nach weiteren vier, fünf Wochen können sie bereits normales Katzenfutter fressen.

Alle Jahre wieder werde ich somit Katzen-Mutter. Dieses Ritual erfolgt nun schon das vierte Jahr, ohne dass ich etwas dagegen unternehmen könnte. Ich kenne diese Katze nur in trächtigem, beziehungsweise für kurze Zeit ihre Babys säugendem Zustand. Woher sie kommt, wissen wir ebenso wenig wie, wohin sie verschwindet.

Damit erhöht sich mein Katzenvolk um rund drei adoptierte Babys pro Jahr. Meine eigenen Katzen bescheren mir jährlich höchstens vier, fünf Kleine, da die meisten ja kastriert sind.

Die Hunde Tobi und Hexi finden Zuflucht

Ich war gerade beim Stallausmisten, als meine Nachbarin Maria mit einem kleinen schwarzen Hund im Arm vorbeikam. Das süße Hündchen war gerade einmal zwei Monate alt. Sie hielt es wie ein kleines Kind an ihre Brust gedrückt. Maria berichtete, sie sei mit dem Rad durch den Wald gefahren und habe am Rand diesen kleinen Hund liegen gesehen. Sie dachte, er wird schon jemandem gehören, und fuhr weiter. Auf dem Rückweg lag der kleine Hund immer noch an derselben Stelle und winselte und weinte. Mit Sicherheit war er ausgesetzt worden.

Sie vermutete, der Hund gehöre mir und habe sich nur verlaufen. Ich hatte tatsächlich zwei schwarze Hunde, Zick und Zack. Das gefundene Hündchen hätte leicht ein Kind der beiden sein können. Doch er gehörte mir nicht. Ob ich ihn haben wolle? Ich wollte eigentlich nicht. Ich habe wieder einmal versucht, nein zu sagen.

In dem Moment aber, als mir tatsächlich das Wörtchen »Nein« über die Lippen kommen wollte, blickte der kleine Zwerg auf, drehte sich vom Arm der Bäuerin weg und sprang auf meine Brust, legte seine Vorderbeine um meinen Hals und drückte mir einen feuchten Schmatz ins Gesicht.

Damit war der Versuch, mich einmal mit einem entschiedenen »Nein« zur Wehr zu setzen, wieder hinfällig.

Das Hündchen war ungewöhnlich. Mit seinen zwei großen spitzen Ohren und der langen spitzen Schnauze sah er aus wie der ägyptische Gott Anubis, der die Herzen beim Totengericht wägt. Ich taufte ihn aber Tobias, wir rufen ihn Tobi.

Ich nahm das kleine Bündel zu den anderen Hundeschützlingen mit, die schon am Hof residierten: Muffel, Zick, Zack, Hexi, Michael und Isabella, ließ ihn vom Arm und setzte ihn in den Kies. Er wurde von seinen Artgenossen begrüßt, als ob er immer schon da gewesen wäre. Sie nahmen ihn wie einen alten Bekannten auf. Zielsicher marschierte der kleine Tobi ins Haus, sein Gang und seine Haltung vermittelten, dass er hier zu Hause war. Er stapfte drauf los, wie einer, der sich überall auskennt. Man hatte nicht das Gefühl, hier wäre ein vorsichtiger, junger Hund, der erst alles erkunden müsse. Ganz im Gegenteil. Stolz marschierte er durch die Räume in dem Bewusstsein: Hier bin ich wieder!

Ich habe dieses Phänomen dann ausgependelt. Tobi saß auf meinem Schoß, ich nahm mein Pendel, einen Tensor, zur Hand, konzentriere mich auf das Tier und fragte nach: »Bist du schon einmal hier gewesen?« Das Pendel schlug deutlich mit »Ja« aus. Das heißt, es schwang horizontal. Ich forschte weiter: »Warst du als Pferd da, als Ziege, Esel oder Katze?« Es kam die Antwort: »Nein.« Das Pendel schwang senkrecht. Weiter: »Bist du als Hund da gewesen?« Das Pendel zeigte an: »Ja.« Daraufhin habe ich alle Hunde mit ihrem Namen heruntergebetet, die schon einmal auf unserem Hof waren: Mino, Myrthe, Molli, Mara, Marthe, Milli, Pezi. Immer kam ein klares Nein. Bei Erwähnung des Namens Mirko hat das Pendel aber so ausgeschlagen, dass es für Mascha und mich eindeutig war: Mirko war als Tobi wieder zu uns gekommen. Für mich steht fest, dass auch Hunde wieder geboren werden. Tobi hat viele Eigenschaften seines Vorgängers Mirko. Der schwarze Rüde ist einfach hinreißend unbedarft, frech und hochbegabt. Er ist der einzige Hund, den ich kenne – und ich kenne viele –, der alles, was er vergräbt, auf Anhieb wiederfindet. Andere vergraben ihre Vorräte und Schätze, finden sie aber erst nach Monaten wieder, wenn diese meist schon verschimmelt und vergammelt sind. Er wäre eine Freude für jeden Zirkus gewesen.

Tobi kann aus dem Stand hoch in die Höhe hüpfen wie eine Katze, er ist auch ebenso eigensinnig. Er hat nicht das Unterwürfige eines Hundes.

Eines Tages wurde ihm seine Begabung im Hochsprung allerdings zum Verhängnis. Er sprang mühelos über die 1,40 Meter hohe Boxentür aus dem Stall, dann über den Zaun aus dem Hof hinaus und lief auf die Straße. Ich bemerkte den Sprung und lief meinerseits zum Tor hinaus, um ihn zurückzurufen. Ich sehe ihn noch, wie er die Dorfstraße hinaufläuft, bis zum Haus befreundeter Wiener. Dort hatte der ortsbekannt wilde Jagdhund, der Rivalen nicht ausstehen kann, bereits Aufstellung bezogen. Tobi, weltfremd und überhaupt nicht erfahren, lief ohne Arg auf ihn zu. Er war erst ein dreiviertel Jahr alt.

Es dauerte keine Minute, da heulte er herzzerreißend auf und kehrte blitzartig um. Wie von Bienen gestochen, rannte er in meine Arme. Seine rechte Gesichtshälfte war eine einzige blutüberströmte Fleischwunde. Er hat ausgesehen wie das Phantom der Oper ohne Maske. Das rechte Ohr und das Fell hingen abgerissen vom Kopf herunter, das Auge war innerhalb weniger Sekunden angeschwollen. Der Jagdhund hat ihm die rechte Gesichtsseite richtig heruntergebissen und heruntergezogen.

Ich brachte den wimmernden Tobi zum Tierarztehepaar Dr. Luckinger in Raabs. Diese ausgezeichneten Tierärzte waren über die Wunde so entsetzt und echauffiert, wie es bei einem Tierarzt nicht jeden Tag vorkommt. Bei der Narkose war ich noch dabei und habe Tobi gestreichelt, bis er einschlief. Da die Operation aber länger dauerte, fuhr ich in der Zwischenzeit nach Hause.

Drei Stunden später konnte ich ihn wieder abholen. Er war zusammengeflickt. Und wie! Zehn Nähte sind ihm gesetzt worden. Die Ärzte hatten ihm das abgerissene Ohr zwar wieder angenäht, aber die Durchblutung funktionierte nicht. Das Ohr trocknete immer mehr aus und fiel drei Monate später von selbst ab. Nur ein kleiner Ohrstummel ist geblieben. Das linke Ohr steht spitz und stramm in die Höhe, das rechte sieht aus wie ein schlecht kupiertes Ohr. Beim rechten Auge hat es lange gedauert, bis man sehen konnte, in welchem Zustand es sich befand, da es durch einen riesigen Bluterguss völlig zugeschwollen war. Erst als das Hämatom zurückging, merkten wir, dass das Auge für immer erblindet war.

Nun hatte ich die Befürchtung, dass der quietschfidele Tobi nach diesem Einschnitt ein böser, trauriger Hund werden würde, doch dies war nicht der Fall. Er war etwas langsamer und vorsichtiger geworden. Tobi tobt heute nicht mehr so verrückt herum. Seine Fröhlichkeit, Frechheit und Impertinenz hat er aber nicht verloren. Inzwischen ist er schon drei Jahre alt und unser aller Liebling.

Gegen die Besitzer des aggressiven Jagdhundes habe ich nichts unternommen. Beide Hunde sind frei im Dorf umhergelaufen. Da können wilde Raufereien schon mal passieren. Kämpfe zwischen zwei Hunden – ja auch das ist Natur.

Unser Spitzmischling Hexi war gleichfalls »ungesucht und doch gefunden« in unsere Arche Noah geraten. Eines Tages rief ein Mann aus dem Waldviertel an, er müsse in die Klinik, ob ich mich ein paar Tage um seinen Hof und seine drei Hunde kümmern könnte. Ich habe es getan, fuhr jeden Tag zu seinem vergammelten Hof, fütterte die Tiere, ging mit ihnen spazieren und fuhr abends wieder zu mir. Doch der Mann kam nicht mehr nach Hause. Das war 2002. Sein Bruder löste den Hof auf und bat mich, die drei Hunde Hexi, Zick und Zack zu übernehmen. Die zwei schwarzen Wolfshunde Zick und Zack sind mittlerweile schon verstorben. Die rotblonde Hexi ist inzwischen elf Jahre alt und ein sehr verschmuster Hund, der jedem Menschen das Gefühl gibt, von ihr geliebt zu werden.

ABSCHIEDE
AM AMSELHOF

Meine Eltern kaufen sich ein Haus neben mir

Der vielleicht schönste Zuwachs auf meinem Amselhof stand noch bevor. Als meine Eltern sich entschlossen, neben mir in Mostbach das kleine Haus zu kaufen, das schon lange leer stand, war mein Glück perfekt. Damit hatten sie sich und mir einen innig gehegten Wunsch erfüllt, obgleich das Schicksal dem gemeinsamen Glück dann nicht mehr so viel Zeit ließ, wie wir es alle gerne gehabt hätten.

Meine Mutter hatte mich in all den Jahren immer wieder besucht und in meinem Zimmer geschlafen, während ich auf die Bettbank in der Küche ausgewichen war. Mami hat das schöpferische Chaos bei uns geliebt, mein Vater nicht so sehr. Wenn beide uns besuchten, zogen sie es vor, in einer Pension zu übernachten. Mein Vater legte auf Komfort ein wenig mehr Wert als meine Mutter. Oft kamen sie auch nur für einen Tag auf Besuch. Papi war ein sehr guter Autofahrer, der auf all seinen Tourneen seinen Oldtimer immer selber chauffierte. Die Distanz Seeham-Mostbach, ungefähr 270 Kilometer, war für ihn, gemessen an den Tausenden Kilometern seiner Berufsfahrten, ein Katzensprung. Häufig fuhren sie noch von mir nach Wien zu meinem Bruder Kai weiter.

Mit der Zeit aber kam ihnen die Idee, sich nach etwas Eigenem in der Gegend umzusehen. Ihr Auge fiel auf das kleine, verlassene Haus, das an meinen Hof angrenzte. Es war eine ziemlich verfallene, gruselige Hütte. Die Besitzer lebten in Tulln und waren nur einige Zeit im Hochsommer anwesend, um ihre zwei kleinen Felder zu bestellen, die ihnen auch noch gehörten. Lange hat meine Mutter gehofft, das Häuschen vielleicht einmal erwerben zu können. Die Besitzer waren jedoch überhaupt nicht daran interessiert, an uns zu verkaufen. Jedenfalls informierten sie uns nicht, als sie sich eines Tages doch von ihrem Besitz trennten. Erst unser Bankdirektor im Ort fand heraus, dass das Häuschen plötzlich einem Waldviertler Architekten gehörte, der im Haus Räume für seine Bauarbeiter einrichten wollte. Er soll es für 200 000 Schilling erhalten haben. Wir haben uns mit dem Architekten in Verbindung gesetzt und konnten es ihm schließlich abkaufen.

Die Gemeinde war nicht sehr daran interessiert, das kleine Haus wieder renovieren zu lassen, sie hätte es lieber abgerissen gesehen, da es in einer engen Straßenkurve liegt. Der Ehrlichkeit halber muss gesagt werden, dass der Zustand des Hauses den völligen Abriss auch gerechtfertigt hätte. Es war nass, schimmlig, stinkig. Eine Wand war so feucht, dass man sie mit dem Finger durchstoßen konnte. Wir haben im Sommer erst einmal alle Fenster und Türen zum Durchlüften und Austrocknen geöffnet. Als die Fenster- und Türstöcke allmählich getrocknet waren, fielen sie erst recht, nun schlanker geworden, aus dem Mauerwerk heraus – es blieb ein einziger Trümmerhaufen übrig. Nur verrückte oder romantische Menschen wie wir dachten nicht an die Planierraupe, sondern an Wiederaufbau. Wir gruben zwei Meter neben dem Mauerwerk in die Tiefe, um es trocken zu legen. Tonnenweise haben wir Erde und Steine aus den Gruben herausgeschaufelt, es war irrsinnig viel Arbeit, ich habe alles mitgemacht. Wir schrieben das Jahr 1992, ich war fünfundvierzig Jahre alt. Seit ich den Amselhof gekauft hatte, waren genau zehn Jahre vergangen. Mein Vater war zu dieser Zeit noch gänzlich gesund und hat davon geträumt, mit meiner Mutter immer dann, wenn sie nicht auf Segeltour waren, gemütlich bei mir im Waldviertel zu wohnen. Sie hatten sogar vor, das viel zu groß gewordene Haus in Seeham bei Salzburg zu verkaufen und abwechselnd bei Kai in Wien und bei mir im Waldviertel zu leben.

Wir haben das Häuschen mit viel Vorfreude umgebaut: Mami war die Architektin. Ein Baumeister, der häufig ob so viel Romantik den Kopf schüttelte, setzte unsere Wünsche um. Besonders bemühte er sich, die alten Rundbögen über den Türen originalgetreu wieder herzustellen.

Das Haus war ein kleiner uralter Bauernhof gewesen, mit zwei Zimmern, Brunnen und Plumpsklo draußen, der Rest der Räume waren Stallungen. Ursprünglich war Platz für sechs Kühe, Schweine und ein Pferd gewesen, in einem kleinen Innenhof lag der Misthaufen. Außerdem gab es eine Scheune.

Aus dem ehemaligen Kuh- und Schweinestall entstand das große Wohn- und Gästezimmer. Neben einer geräumigen Wohnküche brachten wir ein kleines Schlafzimmer und ein kleines Badezimmer unter. Mami hat sich nach ihrem Geschmack ein vollständig getäfeltes Zimmer gewünscht, neben dem nochmals Platz für ein kleines Bad mit Toilette geschaffen wurde. Es war und blieb ein Zwergenhaus mit vielen Winkeln und Ecken, aber wir finden es gemütlich.

Der kleine Innenhof ist im Sommer wie ein Platz im Süden. Eine riesige Heckenrose und ein kleines Bäumchen überwuchern alle Wände, genau, wie ich es liebe. Überall blühen Pelargonien, Petunien, Hortensien, Tagetes und Oleander. Da und dort schießen auch Huflattich und Brennnessel aus dem Boden, die ich absichtlich stehen lasse, bis sie ihren ausgeblühten Zustand erreichen. Dann mache ich Tee und Heilsäfte aus ihnen. Über eine Hollerstaude hat sich girlandenförmig ein üppig blühender Blauregen geschlungen – das ergibt einen zweifachen, bunten Sonnenschirm, unter dem im warmen Frühjahr und Sommer 2007 dieses Buch geschrieben wurde. Wenn ich in diesem sonnigen Innenhof plaudernd mit Freunden bei einem Gläschen Rotwein sitze, komme ich mir vor wie in Griechenland oder Italien.

Als der Umbau fertig war, kamen meine Eltern noch öfter als früher und verbrachten nun auch mal drei bis vier Tage bei mir. Sie haben die traumhaften Sommer, aber auch die rauen Winter genossen. Irgendwann fiel ein herrlich satirischer Ausspruch meines Vaters. Es war an einem Wintertag, es war klirrend kalt, die Sonne schimmerte frostig, der Himmel war klar, Raureif lag auf den Bäumen. Da fragte mein Vater in seiner unnachahmlich stoischen, aber provokanten Art: »Was ist der Unterschied zwischen Sibirien und dem Waldviertel?« Wir lauschten. Er gab selbst die Antwort: »Ins Waldviertel zieht man freiwillig!«

Für ihn als Kriegsveteran, der den Russlandfeldzug mitgemacht hatte, war Sibirien als Kältekammer der Sowjetunion durchaus ein Begriff. Er hat nicht wirklich verstanden, warum ich hierher gezogen war. Nur Mami hat dieses Eintauchen in die Welt ohne Luxus verstanden, weil auch sie kein Püppchen war, das sich nur mit Komfort wohl fühlen konnte. Mein Vater aber schätzte, je älter er wurde, mehr und mehr Wärme, Licht und Weite um sich.

Der Tod meines Vaters

Im Februar 1997 wurde mein Vater im Wiener Allgemeinen Krankenhaus völlig unerwartet an Bauchspeicheldrüsenkrebs operiert. Danach war er halbwegs hoffnungsfroh nach Seeham zurückgekehrt. Es war ein schlimmes Jahr. Ende Juni brach Mami sich in Frauenstein, wo sie das Grab unseres Bruders besuchte, das Bein. Sie war in der Friedhofsgärtnerei umgeknickt und erlitt einen Oberschenkelhalsbruch. Daraufhin musste sie für fünf Wochen in die Klinik in Kirchdorf an der Krems, nahe Frauenstein. Mein rekonvaleszenter Vater pendelte jeden Tag zwischen Seeham und Kirchdorf hin und her. Mami ging es sehr schlecht. Ende Juli 1997 trafen wir alle zum 20. Geburtstag meines Sohnes Marius in Frauenstein, im Gasthaus Federlehner neben dem Friedhof, zusammen. Mami kam im Rollstuhl aus der Klinik zu uns. Ihr war so elend. Ich bin zornig geworden, als ich merkte, wie verwirrt meine Mutter aufgrund der vielen Medikamente war, worauf ich anderntags durchsetzte, dass sie alle beide, Mami und Papi, ins Gesundheitszentrum Dungl in Gars am Kamp einzogen. Das liegt nur 35 Minuten Autofahrt von mir entfernt. Meine Mutter wurde mit dem Ärztetransport überführt, mein Vater kam aus Seeham angefahren. Erst war er widerwillig, doch als er merkte, in welch guter Gesellschaft er sich befand, begann auch er sich wohl zu fühlen. Der bayrische Paradeschauspieler Ottfried Fischer war zur Abmagerungskur hier, die Tennisweltkoryphäe Steffi Graf kurierte ihr Knie, Opernführer Marcel Prawy sorgte auf hohem Niveau für Stimmung – das war ein Klima der Erholung und des Vergnügens.

Acht Tage nach ihrer Ankunft war meine Mutter wieder voll auf der Höhe, sowohl die durch allzu viele Medikamente verursachte Verwirrung als auch ihre körperliche Hilflosigkeit waren verschwunden. Im Rollstuhl war sie gekommen, jetzt lief sie wieder fast normal. Mein Vater war die ganze Zeit über bei ihr und auch er wurde gesund und fröhlich. Anstandslos aß er all die grünen gesunden Sachen – Salate, Gemüse –, die er sonst nicht so schätzte. Mascha, Marius und ich waren jeden Mittag dort. Meinem Vater ging es wirklich gut. Er hat bestens ausgesehen. Wir hatten als Familie eine wunderbare Zeit, auch Kai ist immer wieder ins Waldviertel heraufgekommen.

Mein Vater hat in der ARD sogar noch die Sendung »Gestern, Heute, Morgen« moderiert, in der ältere und junge Menschen sich darüber austauschten, was sie voneinander wussten oder zu wissen glaubten. Es war ein hochinteressanter Gedankenaustausch zwischen den Generationen. Papi war ganz dünn, aber lustig. Johannes Heesters war im Alter von 98 Jahren zu Gast und gab noch den Grafen Danilo aus der »Lustigen Witwe« zum Besten. Leider wurde die Sendung wegen zu geringer Einschaltquoten nicht weitergeführt. Mein Vater war darüber sehr enttäuscht und traurig.

Der Aufenthalt im Gesundheitszentrum Gars dauerte von Juli bis Oktober 1997. Ab Mitte Oktober stand Kuli wieder auf der Bühne, in dem Stück »Mögliche Begegnung« von Paul Barz, in dem die Komponisten Händel und Bach aufeinandertreffen und über Musik wetteifern. Papi war der Händel, er spielte in einem Kostüm, das seiner früheren Figur angepasst, also viel zu groß war. Man musste es umschneidern. Bis Februar 1998 spielte er, dann ist es ihm schlechter gegangen. Chemotherapien kamen zum

Einsatz. Diese Chemotherapien machten ihn kaputt. Er hat sie nicht vertragen.

Am 11. Mai 1998 trafen wir alle zum 50. Hochzeitstag unserer Eltern in Seeham zusammen. Wir waren alle traurig. Mein Vater wollte seinen Hochzeitstag mit uns auf dem Raddampfer auf der Donau feiern, doch es fehlte ihm jede Kraft dazu. Er konnte nirgends mehr hinfahren. Zum Glück war meine Mutter wieder stark genug, ihm beistehen zu können. Er wurde schwächer und schwächer, am 14. August fuhr ich in der Früh nach Seeham. Da konnte er nicht mehr reden, war mit Morphium vollgepumpt und

wog so viel wie damals, als er aus dem Krieg zurückgekommen war, höchstens 45 Kilo. Er war ganz klein, ganz zart und doch strahlte er hell.

Auch Kai war mit seinen Kindern gekommen. Wir konnten uns alle von unserem Vater verabschieden.

Ich hatte mich schon um sechs Uhr abends von ihm verabschiedet. Ich musste nach Hause fahren, da ich zwölf Ferienkinder am Amselhof in Quartier hatte. Denen hatte ich versprochen, nach meiner Rückkehr mit ihnen in die Diskothek in Gerweis bei Zwettl zu gehen. Versprechen halte ich ein, egal, in welchem Zustand ich mich befinde. Chris, ein telepathisch veranlagter Freund, kam wenige Minuten nach unserer Ankunft im Lokal zu mir und übermittelte mir: »Dein Vater ist gerade gestorben, aber es geht ihm gut.« Da war es Punkt 21 Uhr. Wir brauchten kein Telefon, wir erfuhren es auf diese Weise. Da ich schon vorher so viel geweint hatte, war ich jetzt froh, dass die Qual für meinen Vater ausgestanden war. Ich habe die ganze Nacht getanzt.

Um Mitternacht waren wir wieder zu Hause. Da sagte mir Marius, der daheimgeblieben war, dass meine Mutter ihn angerufen hätte und mein Vater gegen 21 Uhr gestorben sei. Doch ich wusste es ja schon.

Bereits zwei Tage später fand die ganz geheime Beerdigung im Kreis der Familie statt. Nur die Mostbacher Bauern, die Papi sehr geliebt haben, ließen es sich nicht nehmen, im Feuerwehrauto nach Frauenstein auszurücken.

Ein Spatz am Rosenstrauch

Sechs Wochen vor der Beerdigung hatte ich einen kleinen Babyspatz gefunden, den ich großzog. Stündlich verabreichte ich ihm Faschiertes vom Rind, das ich in verwässerten Traubenzucker eingetaucht hatte. Nur nachts gab er Ruhe. Nach zwei Wochen hatte er Appetit auf anderes, sodass ich ihn mit noch zappelnden Fliegen fütterte. Der Vogel überlebte und wurde größer. Er war ein Omen für mich, wenn es ihm immer besser ging, so dachte ich, würde sich auch mein Vater von seinen Schmerzen erholen. Ich sah in dem kleinen Vogel meinen immer schwächer werdenden Vater vor mir. Ich sah es als Gleichnis der Natur. Leben und Sterben als ewiger Kreislauf. Deshalb fand ich es passend, den Spatz in einem großen Käfig nach Frauenstein mitzunehmen. Beim Begräbnis wollte ich ihn symbolisch fliegen lassen. Und tatsächlich habe ich den Käfig über dem Grab geöffnet und der Piepmatz flatterte ins Freie. Er flog aber nicht weit, nur zu einem Rosenbusch an der Mauer des Friedhofs. Auf den setzte er sich und sah uns zu.

Die Asche meines Vaters war in einer kleinen Urne bereits am Vorabend um zehn Uhr im Grab seines ersten Sohnes beerdigt worden. Nur meine Mutter, der alte Pfarrer, der Totengräber und eine Bühnenkollegin von Papa, Hannelore Zeppenfeld, waren dabei anwesend gewesen. Das war der echte, sehr intime Teil der Bestattung. Mein Vater wollte es so – heimlich in der Erde verschwinden.

Am folgenden Vormittag war nur mehr eine kleine Zeremonie für die Öffentlichkeit vorgesehen. Kränze wurden niedergelegt, Ansprachen gehalten, Fotografen bekamen ihre Bilder. Dieses Zeremoniell dauerte eine gute Stunde. Der Vogel saß die ganze Zeit im Rosenstrauch. Als die Menschen sich zerstreut hatten, ging ich verwundert zu ihm: »Willst du denn nicht wegfliegen?«, fragte ich ihn. Statt die Freiheit zu wählen, hüpfte er mir auf die ausgestreckte Hand. Er wollte offenbar nicht wegfliegen und so nahm ich ihn zurück ins Waldviertel. Er blieb noch weitere zwei Monate in unserer Obhut, kam immer wieder ans Küchenfenster, vor dem ein Hollerbusch steht, schimpfte jedes Mal »wie ein Rohrspatz« und wollte gefüttert werden. Das Küchenkonzert wiederholte sich täglich mehrmals.

Eines Tages ist er dann ausgeblieben. Ich denke mir, dass er höchstwahrscheinlich seine große Liebe gefunden hat.

Der Bau der Reithalle

In dem stillen Abschiedsgespräch am Sterbebett meines Vaters nahm deutlich ein Gedanke Gestalt an, der schon länger zwischen ihm und mir zur Diskussion stand. Immer hatte er mich ermutigt, an meinen Hof eine kleine Reithalle anzubauen. Ich war der Meinung, ich bräuchte so eine Halle nicht. »Jetzt bau dir doch endlich deine Reithalle«, gab mir mein Vater am Sterbebett deutlich zu verstehen.

Das Erbe meines Vaters wurde gedrittelt – mit meinem Anteil konnte ich mir die Reithalle auf der Koppel gleich neben dem Wohnhaus bauen, 30 mal 16 Meter. Stahlträger wurden aufgestellt und mit Holz verkleidet. Eine schöne dunkelbraune Holzhalle wuchs empor. Ich habe sie als Denkmal für meinen Vater errichtet und sie erinnert an ein Schiff. Sie hat runde Fenster wie Bullaugen, die Seile, auf denen wir diverse Kinderschaukeln aufhängten, waren richtige Schiffstaue. Eins seiner großen Ruder wurde auf der Tribüne aufgestellt und das riesige Bild von Papas Segelschiff Marius III an die Wand gehängt. Im April 1999 begannen wir zu bauen, vier Monate später war die Halle fertig. Am 14. August weihten wir sie ein.

Wir verschickten viele Einladungen: »Hurra wir haben eine Reithalle!« Die Einweihung geriet zu einem bunten Fest. Meine Mutter feierte mit uns, Gäste von überall her nahmen teil. In der Halle wurde ein kleiner Zirkus vorgeführt. Hengste und Stuten waren prachtvoll geschmückt und wurden kunstvoll geritten, die Fohlen liefen nebenher. Eine weithin vernehmbare Westernband spielte sehr stimmige Countrymusik. Wir haben gegessen, getrunken und getanzt. Am Abend spielten eine Menge Kinder in der Halle Volleyball, wie sie dies bei Schlechtwetter auch heute noch machen. Auch einen Salsa-Kurs hielten wir in der Halle ab. Dazu kehrten wir den Sand weg und tanzten barfuß auf dem eben gestampften Lehmboden, herrlich. Vorträge und Konzerte fanden in ihr statt. Unsere Vielzweckhalle ist ein echtes Schmuckstück.

Am Tag der Eröffnung und in der Folge immer wieder haben wir in dieser Arena für Interessierte auch die Tellington-Touch-Methode vorgeführt. Meine leider zu früh verstorbene Salzburger Freundin Annegret Ast, ehemals eine viel beschäftigte »Pferdeflüsterin« und Österreichs Landestrainerin für Reitlehrer, besuchte mich häufig und hielt bei mir Kurse ab. Bei der Tellington-Touch-Methode geht es darum, Pferde, die ein wenig verhaltensgestört

sind, (wieder) an Menschenhände zu gewöhnen, sodass sie Vertrauen und Freundschaft aufbauen können.

Mein Vater hatte recht: Ich benötige die Reithalle für die vielen Kinder, die jeden Sommer zu mir kommen. Meine Sommerkinder, meine Reitkinder, meine Lehrlinge, meine Sozialfälle. Oft beherbergte ich bis zu vierzehn Kinder bei mir am Hof, die ich beschäftigte, denen ich reiten beibrachte, für die ich kochte, mit denen ich ins Schwimmbad oder auch in die Diskothek ging. In den Achtzigerjahren war ich eine der Ersten, die derartige Ferienhöfe zum Reiten anbot. Da für professionelle Werbung nie Geld genug vorhanden war, mussten sich meine Reit- und Ferienkurse unter Freunden durch Mundpropaganda rasch herumsprechen. Seit Dezember 2006 besitze ich eine eigene Website (www.amselhof.at), über die man sich anmelden kann.

Immer noch kommen Kinder zum Reiten zu mir. Bis zu vier, fünf Kinder können gleichzeitig in der Reithalle lernen. Ich biete Kurse schon für Vierjährige an, wenn ihre Eltern mit ihnen kommen wollen. Wenn sie alleine kommen, funktioniert das problemlos meist ab zehn Jahren. Ich bin die Chefin in der Reitschule, Mascha hilft fleißig mit. Wir arbeiten mit den Pferden an der Hand. Wenn die Kinder Vertrauen gefasst haben und sich geschickt anstellen, werden sie longiert. Wenn sie wollen, lernen sie auf dem Pferd auch turnen. Manche sind geschickt, andere weniger. Manchmal werden gute Reiter aus ihnen, manchmal weniger gute. Bei uns werden sie sanft in die Reiterei eingeführt. Nicht so rau, wie ich es erlebt habe.

Der Tod meiner Mutter

Nach dem Tod meines Vaters hat sich meine Mutter immer länger bei mir aufgehalten. Sie wirkte jetzt sehr verloren und hatte Angst, ihr Gedächtnis zu verlieren. In dem einst so belebten Familienhaus in Seeham war sie einsam, ihr Leben kam ihr sinnlos vor.

Wenn sie bei mir war, lebte sie jedes Mal zusehends auf. Sie lachte und plauderte vergnügt mit den Nachbarn. Ihr Bein tat ihr weniger weh. Sie war abgelenkt. Deshalb beschlossen wir, dass sie ganz zu mir ziehen sollte, was sie auch tat. In Seeham vermietete sie das zu groß gewordene Haus an ein evangelisches Pfarrer-Ehepaar mit vier Kindern. Meine Mutter zog im September 2000 zu mir. Im Oktober darauf hat sie sich eingebildet, kurz nach Seeham fahren zu müssen, um nach dem Rechten zu sehen. Sie hatte dort immer noch ihr Zimmer.

Abends wollte sie in die Küche gehen, übersah einen Teppich, rutschte aus und hat sich diesmal den anderen Oberschenkelhals gebrochen. Nachts um zehn ging das Telefon, die Mieter von Seeham meldeten mir: »Ihre Mutter liegt im Spital!« Mein Bruder kümmerte sich sofort liebevoll um sie, und ich bat ihn, sobald Mami transportfähig sei, sie ins Krankenhaus Horn zu überstellen, wo ich sie täglich besuchen konnte. Sie war im 78. Lebensjahr. Durch den Sturz hatte sie auch ein riesiges, schmerzhaftes Hämatom am Kopf. In Horn fuhr ich jeden Tag zu ihr ins Krankenhaus, ich hatte im Korb eine kleine Katze dabei, um sie aufzumuntern. Meine Mutter liebte Tiere sehr, mit der Katze schmuste sie intensiv, worauf sie nach jedem Besuch ein Stück fröhlicher wurde.

Freilich sind Tiere im Spital verboten. Aber erst an dem Tag, als ich meine Mutter abholte, merkten die Ärzte, dass auch eine kleine Katze mit von der Partie war. Die Ärzte haben geschmunzelt und ein Auge zugedrückt.

Nach dem Krankenhaus Horn kam Mami zur Erholung wieder ins Gesundheitszentrum Dungl. Sie hatte jedoch absolut keine Lust mehr weiterzuleben. Sie genoss den Betrieb in dem luxuriösen Rehabilitationszentrum diesmal nicht. Ich fuhr jeden Tag zu ihr, aß mit ihr zu Mittag und merkte, dass sie sich gegen alles wehrte. Da dachte ich, trauern könne sie genauso gut bei mir zu Hause. Ich fand eine pensionierte Altenpflegerin namens Hedy, die jeden Morgen um halb acht Uhr zu meiner Mutter kam, sie pflegte, mit ihr plauderte und scherzte. Wir nahmen meine Mutter im Rollstuhl zum Einkaufen mit, aber wir motivierten sie auch zu regelmäßigen Gehübungen. Jeden Tag gingen wir ein Stückchen länger, über alles haben wir uns dabei unterhalten, über ihren Mann, ihre Eltern, ihre Schwester, ihre Kinder. Wir haben 78 Jahre in einem halben Jahr noch einmal an uns Revue passieren lassen.

Am 8. März 2001 wäre sie 79 Jahre alt geworden. Drei Tage davor sagte sich eine ihrer Freundinnen zu ihrem Geburtstag an, sie wollte ein paar Tage bleiben. Mami freute sich auf den bevorstehenden Besuch. An diesem Tag ging ich morgens nach dem Stallausmisten in ihr Häuschen hinüber und war sehr glücklich, meine Mutter fröhlich zu sehen. Sie hatte sich richtig schick gemacht. Ich ging einkaufen und bereitete dann ein Huhn, das sie mit großem Appetit aß. Dann ging sie von unserem großen Hof in ihr Häuschen nebenan zurück, ein Weg auf der Dorfstraße von ungefähr 50 Metern. Das war um 17.15 Uhr.

Eine Viertelstunde später ging ich ihr nach, um ihr das Abendessen zu richten, das sie mit ihrer Freundin einnehmen wollte. Ich kam ins Haus, alle Lichter waren erloschen, es war total still, ich ging in ihr Zimmer und sah, dass meine Mutter auf ihrem Bett lag. Ihr Hund Leni lag davor auf dem Boden und schlief. Es war ein Bild des Friedens. Sie war gestorben, wie sie es sich immer gewünscht hatte. Sie war einfach eingeschlafen.

Ich setzte mich an ihr Bett, streichelte ihr über den Kopf

und konnte nur sagen: »Gratuliere, Mami, das hast du hervorragend gemacht. Wie ein alter Indianer!«

Ihr Arzt konnte den plötzlichen Tod kaum fassen. Auch der Amtsarzt hat nichts anderes feststellen können, als dass sie einfach in Frieden eingeschlafen war.

Als die Freundin meiner Mutter kam, blieb ihr fast das Herz stehen, so erschrocken war sie, zu spät gekommen zu sein. Mein Bruder Kai kam aus Wien und mein Sohn Marius aus Tulln, um sich von meiner Mutter zu verabschieden. Ich stellte überall Kerzen auf und übernachtete bei ihr im Nebenzimmer. Am nächsten Morgen wurde sie ins Krematorium von St. Pölten gebracht. Ihre Asche überführte ich zusammen mit Kränzen und Blumen im Kofferraum nach Frauenstein, wo sie am 13. März 2001 neben ihrem Mann und ihrem ersten Sohn beerdigt wurde.

Vorher war schon ausgemacht worden, dass wir am 27. April den 80. Geburtstag meines Vaters in Frauenstein feiern würden. Viele Freunde, Segel- und Schauspielkollegen feierten sein rundes Jubiläum und zusätzlich auch die Wiedervereinigung unserer Eltern im Himmel mit. Wieder saßen wir dabei im Gasthaus Federlehner neben dem Friedhof und waren ganz ausgelassen und lustig, wie es den beiden gefallen hätte.

Mamis Golden Retriever Leni war mir geblieben. Nachdem er sich mit meiner Bernhardinerhündin Muffel aber nicht vertrug, mussten wir sie trennen. Muffel regierte auf meinem Hof, Leni musste im Häuschen meiner Mutter leben. Mutters Pflegerin Hedy wohnte noch eine Weile in dem kleinen Bauernhaus. Als sie wegging, zog ich mit Hexi, Zick und Zack bei Leni ein. Ich wohne jetzt also zweigeteilt: Tagsüber arbeite ich bei meinen Tieren am großen Hof, nachts ziehe ich mich ins gemütlich restaurierte

Bauernhäuschen zurück. Auch meine Tochter Mascha zieht es vor, es sich bei mir im Häuschen gemütlich zu machen.

Nur eine kleine bauliche Veränderung habe ich an Mamis Haus vorgenommen. Sie hatte sich eine Ölheizung einbauen lassen. Nach ihrem Tod ließ ich diese entfernen, weil es mich pro Winter an die 25 000 Schilling gekostet hätte, dieses Häuschen zur Gänze warm zu halten. Jetzt heize ich mit einem Kachelofen in der Küche, was mir reicht. In meinem Schlafzimmer brauche ich nicht mehr als sieben bis zehn Grad Celsius. Ich könnte nicht schlafen, wenn es wärmer wäre. In der Wohnküche haben wir an die 22 Grad, weil Mascha es gerne warm hat. Da die Türen wegen der Hunde und Katzen häufig offen stehen, kühlt es immer wieder rasch ab.

Die Türen sind überhaupt ein eigenes Kapitel: Im großen Haus lassen wir nachts sogar im Winter die Wohnungstüre zum Hof offen, damit die Hunde rein und raus können, wann immer sie wollen. Nur dicke Vorhänge halten die ärgste Kälte ab. Es zieht bei uns immer durch. Das härtet ab. Ich bin so gut wie niemals krank.

Das Ende meiner Reiterei

Eines Tages kam für mich die Zeit, meinem Lieblingssport, der Reiterei, Adieu zu sagen. Vor drei Jahren war Schluss: Nach einem gewaltigen Sturz vom Pferd beschloss ich, mich nie wieder auf eines draufzuschwingen. Ich saß auf

Michelangelo, wir arbeiteten in unserer Reithalle gegen Ende des Unterrichts gerade an einem letzten Sprung. Plötzlich drang vom Bauernhof nebenan ein gewaltiges Zischen in die Halle. Der Bauer ließ aus einer Maschine Dampf ab. Michelangelo erschrak und warf mich ab. Ich donnerte gegen die Wand, krachte auf einen am Boden liegenden Balken und blieb liegen. Augenblicklich dachte ich, nie wieder aufstehen zu können. Nur mein Kopf funktionierte noch, mein restlicher Körper war wie gelähmt.

Ich bat die Kinder, die sich in der Halle aufhielten, still mit ihren Pferden hinauszugehen und mich einfach liegen zu lassen. Ich wollte von niemandem Zuspruch oder Hilfe erhalten, wollte nur selber in Ruhe herausfinden, wieweit ich überhaupt noch funktionstüchtig war.

Ich fing mit der Untersuchung meiner Finger an. Konnte ich sie noch bewegen? Ich konnte. Nach und nach konzentrierte ich mich auf jeden einzelnen Körperteil. Ich versuchte die Zehen zu bewegen, es gelang. Den ganzen Fuß. Es gelang. Eine halbe Stunde erkundete ich das Ausmaß meiner Unbeweglichkeit. Anfangs fehlte mir jegliches Empfinden. Erst nach einer Weile setzte ein gewaltiger Schmerz ein. Auf allen Vieren kroch ich quer durch die Halle zum Tor, zog mich am Türpfosten hoch und ging stocksteif ins Freie hinaus. Zu den umstehenden Jugendlichen – Lehrlinge und Besucher – flüsterte ich, dass ich mich jetzt niederlegen würde. Das war anstrengend! Ich habe mich hingelegt und blieb vier Tage im Bett. In diesen vier Tagen hat sich aber nichts an meiner Steifheit und meinem Schmerz zum Besseren gewendet, sodass ich nun doch beschloss, einen Arzt zurate zu ziehen. Mühsam wurde ich zu Röntgen und Ultraschall transportiert. Die Ärzte stellten kopfschüttelnd fest, wie viel Glück im

Unglück mir zuteil geworden war, da meine kräftige Rückenmuskulatur den gewaltigen Sturz doch relativ glimpflich abgefangen hatte. Es war wie ein Wunder: Nichts war gebrochen oder gequetscht, nur Prellungen hatte ich im Übermaß. Mein Körper war geschwollen und voll Wasser – ich war ein Bild des Jammers.

Nach vier Wochen der Rekonvaleszenz wollte ich mich allerdings wieder aufs Pferd setzen. Stur wollte ich beweisen, Schmerzen überwinden zu können. Das war ein Stück Tapferkeit zu viel.

Als ich auf Marco saß, konnte er bald feststellen, dass ich mit mir im Ungleichgewicht war. Völlig unkoordiniert saß ich auf ihm. Wir kämpften, ich wollte ihn unter mein Kommando bekommen. Als er herausgefunden hatte, dass ich ihm nichts befehlen konnte, warf er mich neuerlich ab. Dabei fiel ich so ungeschickt, dass ich mir noch zwei Rippen brach. Dies waren nun also zwei sehr deutliche Zeichen, mit 53 Jahren mit dem Reiten aufzuhören.

Das Vermächtnis einer Pferdeflüsterin

Meine Salzburger Freundin Annegret Ast glich einem Engel. Sie war groß, schlank, hatte blonde, lange Haare, blaue Augen und besaß eine starke Ähnlichkeit mit dem Supermodel Heidi Klum. Ihr gehörte ein Pferdehof in Tannbrunn bei Seekirchen am Wallersee, wo sich Pferde zum Ausbilden, Kurieren und Erholen befanden. Annegret war nicht nur eine blendende Reiterin, sondern auch eine viel gefragte Pferdeheilerin. In der Reiterszene war sie europaweit ein Begriff. Sie verband die von ihrer Freundin Linda Tellington-Jones in den USA entwickelte Methode der Kommunikation mittels der Hände mit den Heilmethoden Reiki, Bachblüten und Kräutern, so wie ich dies heute auch mache.

Annegret wurde von den berühmtesten Turnierreitern aufgesucht. Sie arbeitete mit der russischen Olympiamannschaft ebenso wie mit zahlreichen deutschen Meistern. Höchst erfolgreich behandelte sie Spitzenaraber ebenso wie simple Esel.

Ich habe sie 1978 im großen Reitstall Grünberg meines Freundes Walter kennen gelernt. Sie war 52 Jahre alt, als 2004 Krebs bei ihr festgestellt wurde. Es ging ihr alsbald sehr schlecht. In diesem Jahr besuchte ich sie häufig. Beim letzten Treffen vor ihrem Tod im Oktober des Jahres bat sie mich, ihre beiden alten Pferde, den braunen Oldenburger Bahati und den schwarz-weiß gescheckten Irish Tinker Rapallo, auf meinen Hof zu nehmen. Dabei hatten wir ausgemacht, dass *sie* sich im Falle meines Todes – ich war älter als sie – um alle meine Pferde kümmern würde. Nun war es aber anders gekommen.

Nach ihrem Tod haben die Besitzer der Einstellpferde und Annegrets Bruder gemeinsam noch versucht, den berühmten Pferdebetrieb weiterzuführen. Ohne Annegret als kreative Seele des Ganzen war dies aber nicht lange möglich. Im Februar 2005 wurden alle Pferde in andere Stallungen gebracht. Übrig blieben nur Bahati und Rapallo, die beiden alten Herren.

Ein Pferdetaxi aus Salzburg brachte sie zu uns ins Waldviertel. Üblicherweise dauert ein Pferdetransport von Salzburg zu mir an die sechs Stunden, da für Pferdeanhänger eine Höchstgeschwindigkeit von nur 80 km/h zugelassen ist. Sie waren jedoch an die zehn Stunden unterwegs. Erstens schneite es und zweitens haben sie sich mehrmals verfahren. Nach vielem Hin- und Hertelefonieren bin ich ihnen bis Schwarzenau entgegengefahren, um sie zum Amselhof zu lotsen.

Trotz des sehr engen Transporters – der Wagen war innen ganz nass geschwitzt – und der großen Strapazen, kamen die Tiere in sehr gutem Zustand bei mir an. Erstaunlich war nur, dass die beiden überhaupt ein Fahrzeug bestiegen, da sie den Hof von Annegret vorher nie verlassen hatten. Doch sie waren ebenso freudig in den Anhänger gestiegen, wie sie ruhig und gelassen bei uns wieder ausstiegen. In der Reithalle durften sie erst einmal ihre steifen Glieder bewegen.

Nach einer halben Stunde Wälzen und Springen wurden sie in ihre neue Heimat eingeführt. In ihren Boxen warteten Futter und Wasser. Rapallo ist mit aufgerichtetem Haupt ein Riese von über zwei Metern. Aus dieser Höhe hat er beim Betreten seiner Box auf mich herabgeblickt, mit demselben Ausdruck in den Augen, der mir von meiner Freundin Annegret noch so lebhaft in Erinnerung war. Der Blick bedeutete: Alles ist jetzt gut, hier kann uns nichts mehr geschehen. In diesem Moment ließ ich meinen Tränen freien Lauf, aus Trauer und gleichzeitig aus Freude.

In den Jahren danach haben sich die beiden edlen Erbstücke vollständig in meine Herde eingelebt. Der Wallach Bahati wurde gleich von Mascha in Besitz genommen, er ist ein ausgebildetes Dressurpferd. Annegret war mit ihm ohne Sattel und ohne Zaum auf der Wiese Hohe Schule geritten. Bahati ist zirka 22 Jahre alt, sein Freund Rapallo

28. Ich bin mir sicher, dass Annegret immer wieder bei uns ist und nach ihren Pferden schaut.

Einen Monat nach ihrem Tod hatte ich einen Traum: Ich sah einen großen weißen Raum mit weißen Möbeln vor mir, alles voll Licht. Unmengen Schmetterlinge, Vögel und Libellen flatterten umher und füllten den Raum mit ihrem Gesang. Viele Pflanzen blühten. In dem friedlichen Raum befanden sich mein Vater, meine Mutter und Annegret. Mami lief, wie früher auch, emsig von einem zum anderen und bot Sekt an. Wenn nur die Hälfte von diesem Traum wahr ist, dann weiß ich, dass meine lieben Verstorbenen glücklich sind.

DIE HEILENDEN KRÄFTE DER NATUR

Sozialhilfe am Amselhof

Meine Freundin Gitti Schabus arbeitet in Salzburg in der Sozialhilfestelle für rauschgiftsüchtige, vernachlässigte und sonst wie verhaltensauffällige Jugendliche. Sie bat mich mehrere Male, ihre Schützlinge, Mädel oder Buben, bei mir aufzunehmen. Das habe ich immer wieder getan und konnte dabei beobachten, wie Tiere positiv in das Leben dieser jungen Menschen eingreifen und wieder für Stabilität sorgen können. Tiere sind vorurteilslos, wertungsfrei, unbefangen. Für sie spielt es keine Rolle, ob jemand schön oder hässlich ist, brav oder schlimm – oder drogensüchtig. Sie verhalten sich zu allen Menschen gleich. Zu behinderten Kindern sind sie vielleicht sogar besonders liebenswürdig.

Sich mit Tieren und Pflanzen zu beschäftigen, heißt mit Sicherheit von ihren heilenden Kräften zu profitieren. Sie helfen uns dabei, in eine tiefere Bewusstseinsebene vorzudringen, entspannter und ruhiger zu werden. Sie heilen die Seele, wodurch auch der Körper gesunden kann. Das ist längst bewiesen.

Die Jugendlichen haben bei uns in Haus und Hof mitgeholfen, ebenso in der Küche wie in den Ställen. Abends gingen wir gemeinsam aus, es gab bei uns kein »Gifteln«. Die meisten von ihnen nutzten den Aufenthalt bei mir, um von selber Abstand zur Droge zu gewinnen. Viele waren motiviert, sie ganz zu lassen. Das Problem fing für einige erst wieder an, als sie in ihren früheren Freundeskreis zurückkehrten.

Nina zum Beispiel war 18 und heroinabhängig. Ein traumhaft schönes Mädchen, auch gescheit, aber sie war in ihrer städtischen Umgebung in die falschen Kreise geraten und hat die Schule knapp vor der Matura abgebrochen. Sie kam nicht freiwillig, sie ist mir zugewiesen worden, da sie sonst ihren Betreuungsplatz in der Sozialhilfe verloren hätte. Ihre Mutter kämpfte um das Mädchen. Von heute auf morgen hatte Nina keinen Zugang mehr zu Drogen und musste einen kalten Entzug durchmachen. Sie bekam einen Kreislaufkollaps. Schon kurze Zeit nach ihrer Ankunft mussten wir sie ins Krankenhaus einliefern. Nach einigen Infusionen ging es ihr sichtlich besser. Obwohl die Ärzte eingeweiht waren, auf dieses Mädchen besonders aufzupassen, muss sie doch an Medikamentenschränke herangekommen sein. Denn sie besorgte sich im Krankenhaus Drogen. Als sie nach zwei Tagen wieder bei uns war, durchsuchte ich ihr Zimmer und fand unter der Matratze Spritzen und Medikamente. Ich nahm sie ihr weg, worauf sie sauer auf mich war. Doch ihren Gemütsschwankungen hielt ich stand.

Gekommen war sie im April, knapp vor ihrem Maturatermin, den sie versäumte. Als Erstes suchten Gitti und ich für sie um einen Nachtermin im Herbst an und haben diesen auch bekommen. Ich nahm mir vor, mit ihr das Lernpensum bis dahin zu schaffen. Therapeuten und Psychologen, die sich in der Stadt bereits um sie gekümmert hatten, belächelten uns wegen unseres Eifers. Ein guter Freund, der Maler Harold Lehner, half mir. Er kam zu mir auf den Hof und lernte mit Nina jeden Tag einige Stunden. Ich brachte ihr Reiten bei und förderte einen intensiven Umgang mit Tieren. Meine damals zehnjährige Tochter Mascha war ihre Spielgefährtin. Wir haben sie rund um die Uhr beschäftigt, sodass sie keine Zeit für Langeweile und Rückzugsmöglichkeiten hatte. Was niemand glauben wollte, vor allem ihre Lehrer nicht, wurde wahr: Sie bestand mit Bravour im September ihre Matura. Wir waren alle ungemein stolz auf sie.

Dieses Erfolgserlebnis hielt jedoch nur wenige Monate.

Zu Beginn des Winters rief mich meine Freundin Gitti an und berichtete, Nina sei wieder in die Szene geraten. Schuld daran war ein stadtbekannter Dealer, der einige Monate im Gefängnis verbracht hatte, eben jene, in denen sich Nina erholen konnte. Als er Ende des Jahres auf freien Fuß kam, hat er auch wieder Einfluss auf Nina gewonnen. Ihr Rückfall in die Drogenabhängigkeit war aber nicht endgültig. Nina kam freiwillig ins Sozialamt zu Gitti und bat um Hilfe. Früher hatte sie sich geweigert, jetzt wollte sie gerettet werden. Man konnte sie ins staatliche Methadon-Programm übernehmen, in dem Drogenabhängige zwecks Entwöhnung das Ersatzmedikament Methadon verabreicht bekommen.

Immer wieder rief Nina bei mir an und auch von Gitti hörte ich, dass Nina es irgendwann geschafft hat, die Drogen hinter sich zu lassen. Ich hatte ihr empfohlen, sich als Model zu bewerben, weil sie eine wirkliche Schönheit war. Ich weiß nicht, ob sie meinem Rat gefolgt ist. Wir haben den Kontakt verloren. Ich wünsche ihr alles Glück dieser Welt.

Ein anderer Fall war Kerstin, ein siebzehnjähriges Mädchen, das mir gleichfalls von Gitti vermittelt wurde. Sie war zwar nicht drogensüchtig, litt jedoch unter einer Art Schlafkrankheit. Sie hatte bereits mehrere Lehrstellen deshalb verloren, weil sie morgens regelmäßig verschlief. Sie wachte immer erst gegen Mittag auf. Dabei bestand ihr großer Wunsch darin, Tierpflegerin zu werden. Sie war aber bereits aus einem Zoo und zwei verschiedenen Pferdegestüten als untauglich hinausgeworfen worden, weil sie nicht mit den Hühnern aufstehen konnte.

Ich stellte Kerstin als Pferdewirtlehrling ein. Auch bei mir setzten sich vorerst ihre unbrauchbaren Schlafgewohnheiten fort. Da ich selbst jeden Tag zwischen sechs und halb sieben Uhr aufstehe, war es für mich kein Problem, sie jeden Morgen zu wecken. Das war allerdings schwerer, als es sich anhört. Ich musste ihr jeden Morgen mindestens zwanzig Mal gut zureden: »Komm steh doch auf!« Sie grummelte, »ich komm schon«, und blieb liegen. Ich hatte aber den längeren Atem. Es muss ihr auch imponiert haben, dass ich nicht zu jenem Typ Chef gehörte, der nur anschaffte und selbst keinen Finger rührte. Ich habe bei jeder Arbeit auf dem Hof angepackt und wurde nicht müde, sie hartnäckig zu ermuntern, bei ihren Pflichten und Aufgaben zu bleiben. Oft schlich sie aus dem Stall. Ich ging ihr nach und fand sie vor dem Fernseher wieder. Sie war kein einfaches Geschöpf, sondern überaus anstrengend, doch ich brachte sie so weit, allmählich Verantwortung zu übernehmen. Die Berufsschule besuchte sie emsig. Nach drei Jahren bestand sie in allen Fächern – Veterinär, Buchhaltung, politische Bildung, Deutsch, Mathematik, Biologie, Pflanzenkunde, Futtertechnik, Anbau, Kutschenfahren, Stallpflege – ihre Gesellenprüfung mit Vorzug. Nur das Reiten hat sie nie richtig erlernt. Sie zu unterrichten war vergebliche Liebesmüh. Ihr fehlte die innere Balance. Ich bat die Prüfungskommission, ihr durch eine schlechte Note im Reiten doch nicht ihr Zeugnis und damit ihre Zukunft zu verderben. Ich argumentierte, dass dieses Mädchen Tierpflegerin werden wollte und nie mehr in ihrem Leben auf ein Pferd steigen würde, was der Wahrheit entsprach. Die Prüfer gaben nach. Aus dem Problemkind

wurde eine verlässliche Tierpflegerin im Zoo einer großen Stadt. Wir telefonieren gelegentlich miteinander, ich bin sehr stolz auf sie und ein bisschen auch auf mich, dass sie durch ihre Zeit auf dem Amselhof ins Leben zurückgefunden hat.

Die endlose Geduld, die ich Tieren gegenüber habe, bringe ich – meistens – auch bei Menschen auf.

Sogar bei Michael, einem Skinhead, gelang mir der Wandel. Wieder war es Gitti, die mich bat, einem jungen Burschen zu helfen, der aus der Neonazi-Szene der Stadt aussteigen wollte. Er hatte keine richtige Familie, sondern lebte seit seinem zwölften Lebensjahr in der Skinhead-Szene. Mit 17 konnte er sich mit den radikalen politischen Ansichten der Kameraden nicht mehr identifizieren, hatte aber Angst, diese würden seinen Austritt nicht zulassen. Er und Gitti beschlossen, dass er untertauchen müsse.

Untertauchen! Das gelingt bei mir in der Einschicht ausgezeichnet. Er kam und vertraute mir an, wie sehr er die Brutalitäten der Szene satthabe. Er lehnte inzwischen das ausländerfeindliche wie auch das nationalistische Gedankengut ab. Er hat sich bei uns am Hof tatsächlich mit zahlreichen Jugendlichen angefreundet, die aus Asien oder Afrika stammten.

Er war auch in eine Gerichtsverhandlung verwickelt. Er wurde wegen mehrerer Schlägereien sowie Plakat- und Sprayschmierereien angeklagt. Man fand in seinem Zimmer zu Hause Naziutensilien wie Hakenkreuz-Armbinden, einschlägige Bücher und Flugzettel. Seine Akte war ziemlich dick. Ich fuhr mit ihm zur Verhandlung in die Stadt. Gemeinsam mit seiner Sozialhelferin Gitti wurde auch ich über ihn befragt. Ich konnte nur Positives über den jungen Burschen sagen und trug mit Sicherheit dazu bei, dass sein Strafurteil milde und nur bedingt ausfiel. Michael begann danach sogar die Pferdewirtlehre bei mir, brach sie aber nach eineinhalb Jahren wieder ab. Er war mit Glatze zu uns gekommen und hat uns mit relativ langen Haaren wieder verlassen. Heute ist er Vater zweier Kinder und gesellschaftlich völlig integriert. Er arbeitet verantwortungsbewusst im Personalmanagement einer Firma.

Aber auch richtige Stadtkinder haben sich bei uns am Amselhof schon zu ihrem Vorteil verändert. Viele von ihnen hatten zuerst Angst vor Hunden, Katzen oder Pferden. Sie schafften es anfangs nicht, sich mit Tieren zu befassen, ohne sie zu quälen. Die wenigsten Menschen wissen, dass Tiere sich auch nur dann streicheln lassen, wenn sie Lust danach verspüren. Kinder aber zwingen kleine Tiere häufig zum »Liebhaben« oder zum »Bussi-Geben«. Am Amselhof lernen Kinder es anders: Wir bringen ihnen bei zu warten, bis das Tier von alleine zum Menschen kommt. Die Kinder werden angehalten, die Tiere nur zu beobachten und auf ihre schönen Augen, ihr glänzendes Fell oder Gefieder, ihre lustigen Bewegungen zu achten. Es kann spannend sein, den Hühnern, Hasen, Katzen und Pferden zuzuschauen. Alles ist in Bewegung, da wird einem nie langweilig.

Einmal hatten wir zwei Mädchen aus Berlin bei uns zu Gast. Ihr Vater stammte aus Madagaskar und arbeitete im Waldviertel kurze Zeit als Architekt. Diese Kinder hatten noch nicht einmal eine Fliege gesehen. Sie kamen mit Oma, Mama und dem Vater für dreieinhalb Wochen. Die Kinder waren zu bedauern, denn bei jeder Fliege gerieten sie in Panik. Kaum sahen sie einen Vogel – Panik! Eine Katze strich vorbei — Panik! Die Nähe von Hunden löste eine Katastrophe aus, der Anblick von Pferden rief bei

ihnen blankes Entsetzen hervor. Die Kinder hatten ständig Angst. Ich wunderte mich, wie man Kinder diesem permanenten Stress nur aussetzen konnte! Sie auf einen Tierhof zu bringen, wo sie von einer Panik in die nächste purzeln mussten, fand ich höchst merkwürdig.

Allmählich aber konnte man förmlich dabei zusehen, wie sich die Mädchen an die ununterbrochene Anwesenheit der Katzen gewöhnten. Die süßen Katzenbabys liefen den beiden dunkelhäutigen Mädchen permanent hinterher, bis es den Mädchen anfing zu gefallen. Mit der Zeit fanden sie es sogar lustig. Es dauerte ungefähr eine Woche, bis sie merkten, dass Katzen keine Bedrohung für sie darstellten.

Bei unseren Hunden war es ähnlich. Anfangs bekamen die beiden Kinder Kreischanfälle, sobald sich ein Hund ihnen auch nur näherte. Wir mussten sie an den Hunden vorbei durch die Hintertüre in die Küche schleusen. Erst langsam hat unsere Mischlingshündin Hexi ihnen beigebracht, dass diese Bell- und Schnüffelwesen doch auch etwas Sanftes und Liebenswürdiges an sich haben. Die Angst hat sich gelegt.

Esel und Pferde wurden den Mädchen am schnellsten vertraut. Wir setzten die Kinder behutsam auf den Rücken der Tiere und gingen mit ihnen spazieren. Alles erfolgte sehr gemächlich. Das Gefühl, auf einem Pferd zu sitzen, empfanden allmählich auch die Mädchen als etwas Besonderes.

Am Ende des Aufenthalts haben sich die Berliner Kinder von allen Tieren herzlich verabschiedet. Diese Veränderung mit anzusehen war auch für uns pure Freude.

Wie machen das die Tiere bloß?

Ich gestehe mir zu, eine gute Tierpsychologin zu sein, weil ich jegliches Vieh nun schon seit Jahrzehnten intensiv beobachte. Tiere, vor allem Pferde, können ganz tiefe unbeirrbare *Freundschaften* schließen. Falscher Stolz und Beleidigtsein gibt es nicht. Sie lernen einander kennen, mögen sich nicht immer, aber sie akzeptieren einander. Sie schließen Freundschaften, die tief verwurzelt sind und bis in den Tod halten. Sie haben ein großes Potenzial für Liebe. Auch Tiere in der Herde nehmen Artgenossen an, ohne sie zu bewerten. Sie lehnen das Fremde und Neue nicht reflexartig ab. Daraus könnte auch der Mensch lernen, Fremde, Zuwanderer, Andersfarbige nicht a priori zu bewerten, das heißt abzuwerten. Wir sollten es den Tieren nachmachen und den anderen erst einmal *vorurteilsfrei* auf uns zukommen lassen.

Tiere akzeptieren Neuankömmlinge viel leichter als wir.

Auch bei Katzen werden neu Hinzukommende nicht automatisch verprügelt und angefaucht, sondern dürfen mitfressen. So ist das zumindest bei uns am Hof. Hier gibt es keinen Futterneid. Jedes Tier hat seine eigene Schüssel und keines schaut, ob das andere mehr hat als es selbst – bei uns am Hof ist das Zusammenleben ausschließlich friedlich.

Weiters können wir von Tieren *Geduld* lernen. Man braucht sich nur die Hunde anzusehen, die von ihren Herrln und Frauerln ins Kaffeehaus mitgenommen werden, wo sie dann stundenlang unterm Tisch liegen. Ein Hund kann eine Ewigkeit warten. Er beklagt sich nicht, wenn es verraucht und laut ist, oder darüber, dass er nur

Füße zu sehen bekommt. Er wartet, bis sein Herrl aufsteht und sich wieder um ihn kümmert, geduldig, demütig.

Das Gleiche konnten wir früher bei Pferden erleben (bei den Fiakern noch heute), die unendlich geduldig und geradezu schicksalsergeben vor ihren Wagen standen.

Tiere leben im ständigen Jetzt. Sie nehmen die Dinge so an, wie sie sind. Und sie lehren uns *Genuss*. Pferde und auch unser Schweinchen Engelbert schließen die Augen, wenn sie fressen. Wenn sie baden, genießen sie jeden Tropfen und wälzen sich ausgiebig im Wasser.

Menschen können auch genießen, sie haben jedoch oft eine innere Bremse, die sie dem Genuss im Hier und Jetzt nicht vollständig hingeben lässt. Kaum essen wir eine Torte, steht schon das große »Aber …« vor uns, der Kalorienzähler, der Hintergedanke, das Schuldgefühl. Tiere genießen und überlegen nicht, welche Folgen daraus entstehen könnten. Entweder ganz oder gar nicht.

Und diese stete Fröhlichkeit, die Tiere von früh an ausstrahlen! Keines hängt herum, keines ist grantig. Sie haben eine ewige Lebensfreude in sich, die uns Menschen leider oft schwerfällt.

Tiere können aber auch Trauer empfinden. Ich habe bei Hunden und auch bei Pferden mehrmals erlebt, wie ihre Trauer so weit ging, dass sie zu leben aufhören wollten. Als unser Hund Pezi gestorben ist, war Dackelhündin Myrthe so unendlich betrübt, dass sie sich in eine Ecke verzog und drei Wochen nicht mehr zum Vorschein kam. Sie zeigte sich nicht, sie fraß nicht, sie wollte einfach nicht mehr. Klapperdürr ist sie geworden. Nach drei Wochen sagte ich zu ihr: »Mädel, jetzt kommst du von da unten heraus, es muss weitergehen!« Ich bot ihr an, sich zu entscheiden. Entweder gehen wir zum Tierarzt zum Einschläfern – dann ist Schluss – oder sie kommt mit mir und lebt weiter. Ich überließ ihr die Entscheidung. Nach einer Weile kam sie aus ihrem Versteck und fing wieder an zu fressen.

Wenn eine Gans verendet, kann es passieren, dass sich die zweite zwei Tage später auch hinlegt und stirbt. Das ist bei mir schon vorgekommen. Eine Gans wollte nicht ohne ihre Partnerin sein.

Andererseits dominiert die Freude den Alltag der Tiere. Welch eine Lust, wenn Pferde nach dem langen Winter zum ersten Mal auf die Koppel dürfen. Die Rösser jauchzen und hüpfen bergauf und bergab. Da geht mir jedes Mal das Herz auf. Sie liefern eine richtige Show.

Ich habe es mir überhaupt zur Angewohnheit gemacht, mich gedanklich und seelisch in die Tiere hineinzuversetzen. Wenn ich den Vogelschwärmen zusehe, fliege ich mit. Meine Seele begibt sich in die Luft. Wenn die Pferde im Frühjahr wild auf die Weide stürmen, laufe ich mit. Nur Gras essen kann ich noch nicht. Einmal habe ich es versucht. Als sich meine Rösser nach einem langen Winter auf das erste Grün der Weide stürzten und jedem ihrer Bisse der Genuss anzumerken war, wollte ich es ihnen nachtun. Auch ich stürzte mich auf die Wiese – aber leider hat es mir nicht geschmeckt. Ohne Veredelung durch Essig und Öl war es mir doch nicht möglich, die schlichten grünen Halme zu schlucken.

Tiere wollen unser Mitgefühl. Pony Momo konnte wegen einer Verletzung am Bein lange nicht gehen. Als der Verband abgenommen wurde, war seine Freude wieder laufen zu können, unbeschreiblich groß. Er wälzte sich, hüpfte und wieherte ohne Unterlass. Als ob er uns mitteilen wollte: Schaut her, schaut her, ich kann wieder laufen!

Liebling Momo musste einmal sogar einen Gips tragen, wofür er speziell von den Kindern geliebt und verhätschelt wurde, er hat es genossen. Als man ihm den Gips abnahm, war er gekränkt. Er hatte sich an die Sonderbehandlung durchaus gewöhnt.

Ich kenne unter den Menschen kaum jemanden, der sich so freuen kann wie ein Tier. Es ist eine selbstlose Freude, Tiere kennen keine Schadenfreude. Ich stelle sie nicht höher als Menschen, aber ich setze sie ihnen gleich.

Wir sollten den Tieren dankbar sein

Ich finde es überaus wichtig, dass wir Menschen Tiere lieb haben. Man muss ja nicht gleich selber welche besitzen. Aber sie gehören zu unserer Erde und zu unserem Leben untrennbar dazu. Wir leben mit und von ihnen, wir essen sie, sie sind für uns ein wichtiger Nahrungsbestandteil. Schon deshalb sollten wir sie wenigstens achten und respektieren. Versetzt uns der Gesang der Vögel nicht unverzüglich in fröhliche Stimmung? Sollte jeder, der sich den Gamsbart an den Hut steckt, der Gams nicht »danke« sagen? Sollte die feine Dame die Lieferanten ihres Pelzes, wenn sie ihn schon trägt, nicht wenigstens respektieren?

Woher stammen die wärmenden Wollsocken? Wer beschert uns die kuscheligen Daunendecken oder die jetzt so beliebten Daunenmäntel? Für unsere Schuhe mussten ungezählte Tierhäute herhalten! War es ein Büffel oder eine Kuh, die für die glänzenden Ledersitze im Ferrari ihre Haut lassen mussten? Tiere liefern uns unsere Nahrung, unsere Kleidung, unsere Schuhe, unzählige Accessoires des Lebens – sollten wir sie dafür nicht wenigstens zu Lebzeiten mögen?

Bin ich denn ein Rufer in der Wüste? Ich finde es traurig, wenn Menschen beim Anblick einer Schafherde nur an den Zeitpunkt des Scherens und Schlachtens denken. Tiere sind aber nicht nur auf die Welt gekommen, um von uns benutzt, ausgebeutet und gefressen zu werden. Es ist schon seltsam, dass manche Menschen etwa bei Hasen in einem Atemzug sagen können: »Sind die aber herzig!« Und: »Wann kann man sie essen?«

Menschen denken häufig nur an den Gewinn. Ein Ferkel wird in einem bestimmten Alter als Spanferkel angesehen. Schildkröten heißen vielfach schon Suppenschildkröte, weil wir sie uns immer nur im Zusammenhang mit dem Kochlöffel vorstellen. Ist das nicht seltsam? Wir sehen die Tierwelt meist nur in Bezug auf den Nutzen, den sie uns bringt. Nie aber sehen wir sie als Wesen mit eigenem Lebensrecht.

Was gibt mir das Recht eine Fliege zu töten?

Ich gebe zu, ich bringe auch manchmal Fliegen um, aber nur dann, wenn ich sie als Futter brauche, um kleine Vögel großzuziehen. Bevor ich in der Küche Fliegen erschlage, öffne ich vorher alle Fenster und Türen und biete ihnen zu allererst die Möglichkeit zur Flucht. Ich rate ihnen: »Freunde ihr habt die Möglichkeit, euch zu verflüchtigen. Haut ab!« Eine halbe Stunde später komme ich wieder mit der Zeitung, die ich als Dreschflegel benutzen will. Nicht selten ist es mir gelungen, sie alle auf diese Weise zu retten. Ich glaube, sie spüren die Negativstimmung, die ihnen droht, und flüchten oder verstecken sich. Ich hänge keine Fliegenbänder auf, damit die Brummer am Leim langsam zu Grunde gehen. Wenn mir fünfzig Fliegen auf einmal unerträglich sind, beginne ich mit der Zeitung um mich zu schlagen. Alsbald verschwinden ohnehin die meisten und ich habe meine Ruhe. Das friedliche Zusammenleben ist dann zumindest für ein Weilchen wieder gesichert.

Wenn die »Schwingungen des Tötens« verklungen sind, kriechen sie allerdings wieder aus ihren Ritzen hervor. Dann erschlage ich sie weiter. Meistens sammle ich die toten Fliegen ein und gebe sie meinen Hühnern oder Vögeln zu fressen, dann hat das Töten wenigstens Sinn gehabt. Mein Geduldpegel liegt aber ohnehin sehr hoch, wesentlich höher als bei so manchen Zeitgenossen, die auf das erste Summen und Flattern schon mit Sprühdosen antworten.

Würmer, Hornissen, Spinnen – ich schütze auch die Schädlinge

Ich liebe alle Tiere, nicht nur die stolzen großen und die kuscheligen kleinen, sondern auch diejenigen, die man weder streicheln noch im Arm halten kann.

Der deutsche Theologe und Tropenarzt Albert Schweitzer war für mich von früher Kindheit an ein großes Vorbild. Mit ihm habe ich mich total identifiziert. Meine Mutter hat angefangen, mir von ihm vorzulesen, als ich vier Jahre alt war. Später habe ich alle Bücher und Artikel von ihm selber verschlungen. Er hatte eine Tochter, die sich, wie die meisten Kinder, vor Regenwürmern ekelte. Später schrieb sie, dass sie ihrem Vater dafür dankbar sei, von ihm gezwungen worden zu sein, diese Tiere anzugreifen, von der Straße zu retten oder beim Umstechen im Garten anderswohin zu bringen, damit sie nicht verletzt würden.

Für mich war und ist es bei der Gartenarbeit auch eine Selbstverständlichkeit, Würmer, Käfer, aber auch Asseln und Engerlinge in Sicherheit zu bringen, damit sie weiterleben können. Wenn ich Engerlingen das Leben rettete, war meine Großmutter mit meiner Rettungsaktion nicht einverstanden, da sie die aus ihnen hervorgehenden Maikäfer für Schädlinge hielt. »Schädling« ist ein Ausdruck, den ich nicht mag. Nichts auf Erden ist ohne Sinn. Ein Maikäfer dient Vögeln als Nahrung.

Es gibt in meinen Augen auch kein Unkraut. Statt Unkraut nenne ich jene Pflanzen, die von Menschen gewöhnlich als störend empfunden werden, Beikräuter. Die Brennnessel ist ein sehr wichtiges Beikraut und sogar ein Heilkraut. Aus Disteln wird wunderbares Öl gepresst, außerdem sind sie beste Nahrung für Hummeln, Bienen und Schmetterlinge.

Bei Regen, der die Schnecken aus der Erde hervorlockt, bin ich schon als Schulkind um eineinhalb Stunden früher als sonst mit dem Fahrrad losgefahren und habe auf den Wegen und Straßen die vielen Schnecken in Sicherheit gebracht. Das mache ich heute noch. Kröten, die aus den Straßengräben hüpfen und über die Straße wollen oder sich einfach auf dem warmen Asphalt ausruhen, sammle ich ein und transportiere sie in meinen Handflächen in die Richtung, in die sie unterwegs waren, also in den gegenüberliegenden Straßengraben. Bei uns im Waldviertel herrscht relativ wenig Verkehr, sodass ich ausreichend Zeit habe, sie in den rettenden Graben zu befördern, wenn ich mit dem Auto unterwegs bin.

Hornissen gelten im Allgemeinen als unsere Feinde. Ich habe ein großes Hornissennest in meinem kleinen Hof. Am Abend, wenn ich draußen sitze und das Licht aufdrehe, kommen sie alle aus ihrem Nest und machen gewaltigen Lärm. Aber sie tun mir nichts. Sie sitzen an der Wand, meine Katzen spielen mit ihnen, aber auch den Katzen passiert nichts.

Völlig zu unrecht heißt es, dass eine Hornisse ein Baby tötet, zwei einen Erwachsenen und drei ein Pferd. Das stimmt nicht. Ich bin schon öfters unabsichtlich auf eine Hornisse getreten, bin auch gestochen worden und es hat geschmerzt, allerdings nicht mehr als ein Wespenstich. Die Zehe wurde dick, nach einer Stunde aber ging die Schwellung zurück. Allzu rasch wird uns vermittelt, dass vor allem Tiere, die uns nicht gefallen, gefährlich sein können. Dazu zählen eben auch Hornissen. Dass sie nützlich sind, wird kaum erwähnt, dabei fressen sie Gelsen und andere Insekten, die wir genauso wenig mögen.

Auch Spinnen gehören zu dieser Kategorie. Dabei gilt doch, wer Spinnen hat, hat keine Fliegen. Ich benötige keinen Fliegenspray, weil es bei mir jede Menge Spinnen gibt. Man sollte lernen, alle Tiere zu akzeptieren und zu mögen. Am leichtesten fällt dies, wenn man ihnen Namen gibt, auch den häuslichen Spinnen, und wenn man ihnen zusieht. Dann erkennt man, welch große Hilfe sie für uns sein können. Und sind ihre Netze nicht zauberhaft? Spinnennetze sind kleine ästhetische Wunderwerke, besonders wenn der Tau auf ihnen liegt oder die Sonne durch sie hindurchscheint!

Als Kind hatte auch ich eine Spinnenphobie, irgendjemand muss mir etwas Falsches eingeredet haben. Dann hatte ich ein lehrreiches Erlebnis, das mir von einer jungen Frau vermittelt wurde, die ich für eine besonders verwöhnte Person aus der Stadt hielt.

Ich fand einmal beim Wasserhahn eine riesengroße Spinne, es hat mich furchtbar geekelt. Ich kreischte: »Pfui, eine Riesenspinne!« Die junge Frau aber blieb ruhig: »Was, vor diesem Spinnlein fürchtest du dich?«, wunderte sie sich. Daraufhin nahm sie das winzige Geschöpf mit der bloßen Hand und sprach tröstend auf es ein. »Armes Spinnlein, armes Spinnlein!« Ich war mehr als verwundert. Sie trug dieses Monster von einigen Zentimetern Größe sachte in die Wiese hinaus. Ich war ziemlich beschämt und habe viel daraus gelernt. Ich fing an mich zu erziehen und sah zu, wie Spinnen ihre Netze bauten, warf ihnen sogar Fliegen hinein, was sie allerdings gar nicht gerne hatten. Auch Bücher über Spinnen habe ich zu lesen begonnen, um mehr über diese kleinen Architekten zu erfahren.

Auf meinen Hof kommen regelmäßig Leute, die es vor Spinnen ekelt. Ein Mädchen benutzte lieber die Toilette draußen bei den Pferden als die im Wohnhaus, wo einige Spinnennetze hingen. Ein nützliches Rezept von mir ist, den Spinnen Namen zu geben, sie zum Beispiel Rosina, Zaphira oder Ottilia zu rufen. Vielleicht findet man sie dann sympathischer.

Wie ich Tieren helfen kann – ich bin ein Animal-Whisperer

Nachdem meine Mutter gestorben war, begann ich mich intensiv mit Esoterik zu beschäftigen. Ich wendete mich dem Studium wirksamer Heilmethoden zu, absolvierte verschiedene Kurse, teilweise aus Interesse, teilweise um das neue Wissen in die Praxis umzusetzen. Ich war reif für die uralten Weisheiten, die wir nicht nur von Indianern kennen, sondern auch von unserem Ötzi, jenem im Eis gefundenen Mann, dessen Körper über und über mit den Symbolen wundersamer Heil- und Beschwörungsrituale tätowiert ist. Ich wollte sie nunmehr für mich entdecken und zum Nutzen meiner Lieben – Mensch und Tier – anwenden.

Es steht mir nicht zu, mich Heilerin zu nennen, denn ich bin nur ein Instrument für Kräfte, die von woanders herstammen. Ich lernte diese Kräfte aufzunehmen und weiterzugeben. Ich benutze nur, was mir mitgegeben worden ist und ich mir bewusst gemacht habe. Deshalb möchte ich hier nur eine kurze Einführung in die Lehren anderer geben, die ich übernommen habe.

In meinem Heilmittel-Koffer finden sich Reiki, Kristalle, kosmische Symbole, Bachblüten und die Tellington-Touch-Methode, die man im Volksmund auch »Pferdeflüstern« nennt.

Reiki ist die Kunst, negative Energie über die Hände in positive Energie zu verwandeln. Die linke Hand nimmt durch Auflegen die negative Energie und den Schmerz der kranken oder blockierten Stelle, die rechte gibt neue gute Energie in den Körper zurück. Verstärkt wird die Wirkung noch durch sogenannte Reiki-Symbole, die sich der Reiki-Meister in die Handflächen zeichnet. Es genügt aber auch, sie sich bildlich vorzustellen. Es sind dies Symbole zum Schutz des Reiki-Meisters, aber auch zur Verstärkung der heilenden Wirkung.

Ich habe bei meiner Lehrerin, Gerlinde Hartmann, in Kärnten Seminare besucht und die Prüfungen bis zum Reiki-Meister abgelegt. Bei ihrem Mann, Dr. Diethart Stelzl, erhielt ich die Ausbildung im Gebrauch von Kristallen, kosmischen Symbolen und Huna. Letzteres ist eine alte hawaiianische Lehre des Geistheilens.

Mit Reiki holt man die Energie aus dem Kosmos, man spricht ein kurzes Gebet, stellt sich die Energie vor, wie sie spiralförmig von oben in den Kopf, die Schultern und Arme fließt und dann spürt man die Hände heiß werden. Damit können diverse Blockaden gelöst werden, ohne dass es den Patienten schmerzt. Der Reiki-Heiler spürt den Schmerzbereich des Kranken.

Schon als Kind bat mich meine Mutter, wenn sie Kopfweh hatte, ihr meine Hände auf die Stirn zu legen. »Borg mir deine Hände.« Fünf, sechs Minuten später bedankte sie sich, ihr ginge es nun wieder gut. Ich war zuerst skeptisch und dachte, das sei mütterliche Liebe und Einbildung. Aber jedes Mal spürte ich auch, dass mir bei diesem Vorgang Energie entzogen wurde oder teilweise sogar ihr Schmerz auf mich übergegangen war.

Mit Reiki lernt man nun, die fremde Energie nicht aufzunehmen und auch nicht die eigene herzugeben, sondern sie aus dem Universum zu holen und wie der Strom im Kabel an andere weiterzuleiten. Ich empfehle das Buch »Intuitives Reiki« von Karin E. J. Kollande.

Reiki funktioniert ebenso bei Tieren. Wenn eines meiner Tiere Husten hat, lege ich ihm zur Entspannung die Hände auf die Brust. Ebenso tue ich dies bei Bauchweh.

Wunden heilen durch Handauflegen schneller. Kann man die Hände nicht auflegen, genügt es, sie im Abstand von zehn Zentimetern vor die Schmerzstelle zu halten.

Nervöse Tiere beruhige ich mit Reiki. Egal, ob es sich um einen verletzten Hasen, eine verkühlte Katze oder ein an Sehnenschmerzen leidendes Pferd handelt. Reiki wende ich bei Koliken an, und wenn ich merke, dass Tiere energiearm und müde sind. Dann verstärke ich Reiki noch mit den kosmischen Symbolen, die energetisch wirken. Tiere sind sehr viel geduldiger als Menschen, schieben sich oft von selbst unter meine Hände und verharren dort, weil es ihnen gut tut.

Ich habe die Reiki-Ausbildung vor allem absolviert, um besser mit Energie umgehen zu lernen. Das Wunderbare an Reiki ist, dass man sich auch selber behandeln kann. Ich habe es oft bei mir selbst angewandt, und es hat immer geholfen.

Andere von mir erprobte Heilbehelfe sind *Kristalle*: Es ist pharmakologisch gesichertes Wissen, dass Steine und Kristalle heilende Wirkung besitzen. Schon für Paracelsus (1493–1541) besaßen Edelsteine die »höchste Subtilität der Natur«. Die Medizinerin Dagmar Braunschweig-Pauli hat ihr Buch »38 Heilsteine für ein gesundes Leben« unter ausschließlich wissenschaftlichen Aspekten verfasst, in dem sie erstens die pharmazeutische Wirkung verschiedener Chemikalien beschreibt und danach die Wirkung zahlreicher Edelsteine, die unter anderen aus diesen Chemikalien zusammengesetzt sind. So bestätigt sie zum Beispiel den uralten Glauben an den Bernstein, der für die Stärkung der Sehkraft und den Erhalt des Augenlichts zuständig ist. Auch zahnenden Kindern wird im Waldviertel zur Beruhigung immer noch die Bernsteinkette umgehängt.

Dr. Diethard Stelzl listet in seinem Fachbuch »Kristalle – Engel der Erde, Helfer im Alltag« die Korrelation von Steinen (und den darin enthaltenen Mineralien) mit den häufigsten körperlichen Beeinträchtigungen und Krankheiten auf. So hilft etwa Türkis gegen Muskelkater, Kupfer gegen Rheuma, Saphir und roter Jaspis bei Nasenbluten, Chalcedon bei Blasenentzündungen, Smaragd bei Mittelohrentzündung, Turmalin und Malachit gegen multiple Sklerose. Es sind zu viele, um sie hier alle wiederzugeben. Ich gehe nach diesen Forschungsergebnissen vor. Man legt Steine auf die schmerzende Stelle, trägt sie um den Hals, steckt sie unter das Kopfkissen oder in den Hosensack. Ich habe die wichtigsten Steine in meiner »Mineralienapotheke«: Bergkristall, Rosenquarz, Jade, Amethyst, Türkis, Bernstein, Onyx, Blutsteine. Ins Trinkwasser meiner Hunde und Katzen lege ich Magnetite, die imstande sind, jegliche schlechte Energie zu beseitigen. Auch ich selbst trinke jeden Tag eigens gemixtes Kristallwasser. Dazu lege ich Calcite und Magnesite in den Krug, ein Stückchen vom Amethyst, vom Rosenquarz und vom Bergkristall, der als Allgemeinheiler bekannt ist. Ich empfehle jenen Mix, den man im Lauf des Tages immer wieder trinken möchte, auf Vorrat zu mischen. Interessant ist, dass das Wasser nie warm wird, sondern immer frisch bleibt, auch wenn es in der Sonne steht.

Während eines Kristallseminars fragte mich Kursleiter Dieter Stelzl, ob wir etwas gegen meine Traurigkeit unternehmen könnten. Ich war nicht überrascht, denn man sagte mir des Öfteren schon eine tiefe Traurigkeit nach. Meine Mutter meinte schon: »Du trägst den Schmerz der ganzen Welt auf deinen Schultern.« Ich hatte Dieter auch erzählt, dass ich, wenn ich mir eine Perlenkette umhänge, regelmäßig zu weinen begänne und in meiner Herzgegend ein beklemmendes Gefühl aufträte.

Dieses Schauspiel inszenierte ich dann eigens für den Kurs. Dazu gab ich am Vorabend drei Naturperlen ins Wasserglas, ließ die Mischung über Nacht ziehen und trank sie am nächsten Vormittag Schluck für Schluck. Die Tränen kullerten unkontrollierbar aus mir heraus. Alles Schwere und Ernste strömte aus mir, ich weinte und hatte dennoch das Gefühl immer leichter und unbeschwerter zu werden. Es war ein ähnliches Gefühl wie vor einer Operation, nachdem man ein Beruhigungsmittel bekommen hat. Danach kicherte und alberte ich den ganzen Tag wie ein kleines Mädchen.

Auch meinen Tieren enthalte ich die spürbare Heilkraft von Kristallen nicht vor und hänge zum Beispiel den Pferden Bernsteinketten um. Bernstein ist der absolute Allheiler, obwohl er kein Stein, sondern versteinertes Baumharz ist. Ganz allgemein lege ich meinen Tieren, wenn notwendig, Onyxe und Tomaline gegen negative Energien unter den Trog. Von Placebo-Effekt kann nicht die Rede sein, denn ein Tier weiß nicht, was ich ihm da verabreiche oder hinlege. Und doch hilft es. Meine Tiere wissen, dass sie zu mir kommen können, wenn es ihnen schlecht geht.

Stute Matuscha hatte ihre Box direkt neben der Futterkammer, in der eine Haferquetschmaschine steht. Als jemand Hafer durch die zwei Rollen laufen ließ und sich ein Stein zwischen die Rollen verirrte, gab die Maschine ein kreischendes Geräusch von sich. Matuscha geriet in ihrer Box in Panik, sie krachte durchs Holz der Boxentür und flüchtete aus dem Stall. Ans Zurückkehren war nicht zu denken, auch als das Geräusch längst vorüber war. Ich gab ihr Aspen-Bachblüten gegen Angst und legte ihr einen faustgroßen Jade-Stein in die Box. Einen Tag lang hat sie ihre Box gemieden. Erst am zweiten Tag haben wir sie vorsichtig zurückgeführt, da lag schon der Stein neben dem Futtertrog. Vierzehn Tage hat sie den Stein, ohne ihn zu verrücken, liegen lassen. Matuscha war ein ziemlich nervöses Pferd, aber sie wurde von Tag zu Tag ruhiger. Sie verlor ihre Angst. Heute kann man neben ihr kreischen und quietschen, sie nimmt davon keine Notiz.

Als meine Katze Dornröschen noch ganz klein war, hatte sie sommers wie winters andauernd Schnupfen und Husten, es ging ihr erbärmlich schlecht. Nichts half, vor allem kein Medikament vom Tierarzt. Ihr habe ich mein Bernsteinarmband um den Hals gelegt. Nach vier Tagen ließ der Schnupfen nach, drei Tage später war sie geheilt. Sie war seither nie wieder verkühlt.

Auch auf *kosmische Symbole* vertraue ich mit Erfolg. Dr. Stelzl, der Verfasser des Werkes »Kosmische Informationen heilen«, lebt in Villach und hat mich den Umgang mit kosmischen Symbolen gelehrt. Ich setze diese Symbole vorwiegend bei Sehnenschmerzen, Koliken, Entzündungen und ganz allgemein im Bereich der Verspannungen ein. Die fünf Symbole, die ich verwende, heißen »Energie fließt«, »Blume des Lebens«, »Saat des Lebens«, »Umpolung« und »Gottvertrauen«, das ist ein Kreis mit einem Punkt in der Mitte. Dieser Punkt kommt genau auf den Akupunkturpunkt für den jeweiligen Schmerz. Diesen massiere ich mit meinen Händen. Bei Pferden kann man den Punkt leicht aufmalen, schwieriger ist es beim Fell der Hunde und Katzen. Oft male ich die Symbole auf Tücher, die ich den Tieren umhänge. Alle Zeichen sind immer in Grün auszuführen, die Farbe des Heilens. Es kann vorkommen, dass ich mich unter das marode Pferd lege und ihm die »Saat des Lebens« aufs Herz male. Damit gebe ich ihm wieder Lebenskraft. Zeichne ich auf den Bauch, hilft dies gegen Leib- und Verdauungsprobleme. Es wirkt.

Unsere Hündin Hexi hatte einmal starke Halsschmerzen. Ihre Kehle und ihr Rachen waren entzündet, sie krächzte nur noch und konnte nicht bellen. Ich malte das Symbol »Saat des Lebens« auf ein weißes Tuch und band es ihr um. Mit ausgestrecktem Hals schlief sie die ganze Nacht direkt auf diesem Symbol. Am nächsten Morgen war sie geheilt, kein Krächzen mehr, keine Entzündungen und Hexi konnte wieder bellen.

Bachblüten sind das Um und Auf jedes wirksamen Arzneikastens. Der englische Arzt und Homöopath Dr. Edward Bach (1886–1936) entdeckte energetische Kräfte in Blumen, Kräutern und Blättern, die er dafür einsetzte, konkrete Krankheiten zu beseitigen und uns mit tieferen bewussten und unbewussten Schichten unseres Lebens in

Kontakt zu bringen. Er erkannte als wichtigsten Aspekt unseres psychoorganischen Systems das Gemüt und definierte zwölf signifikante Gemütszustände, aus denen sich die unterschiedlichsten Krankheitsbilder entwickeln können: Furcht, Entsetzen und Panik, geistige Qual oder seelischer Kummer, Unentschlossenheit, Gleichgültigkeit oder Langeweile, Zweifel oder Mutlosigkeit, Überbesorgtheit, Schwäche, Mangel an Selbstvertrauen, Ungeduld, Gefühlsüberschwang, Stolz oder Unnahbarkeit. Er fand Heilkräuter, welche die entsprechenden, im Gemüt zu suchenden Ursachen, die oftmals die akuten körperlichen Beschwerden auslösen, zu beseitigen helfen. Aus Heilpflanzen wie Enzian, Bleiwurz, Tausendguldenkraut, Wegwarte, Olive und vielen anderen wird ein Saft erzeugt, der mit Alkohol versetzt und mit Wasser verdünnt wird. Die Verabreichung erfolgt tröpfchenweise. Darüber gibt es ausführliche Fachliteratur, zum Beispiel »Das Wunder der Bachblüten« von Erika Haindl. Ich glaube an die Forschungsergebnisse von Dr. Bach und setze sie bei mir und auch bei meinen Tieren ein. Wenn neue Tiere zu uns kommen, verwende ich Bachblüten gegen ihre Traurigkeit oder Angst. Aber auch bei Koliken oder bei Allergien setze ich sie ein. Vier Mal pro Tag vier Tropfen auf Brot oder auf Zucker genügen. Hunde reagieren sehr schnell, unverzüglich kann man beobachten, wie sie sich zu ihrem Vorteil verändern.

Ich tropfe Bachblütenessenz auf Wunden oder in einen Verband. Auch zur Sterbehilfe verwende ich sie bei meinen Tieren. Bei Pferden gibt es Verletzungen, denen man mit Nadel und Faden nicht beikommt, zum Beispiel bei zu wenig Haut über den Knochen. Bachblüten und Reiki helfen da immer noch weiter. Ich kann Wunden nicht nähen, ich bin kein Tierarzt, aber mittels meiner Hände kann ich energetisch eingreifen, sogar wenn es blutet. Meine Hände strahlen auf eine Entfernung von 30 cm eine heilende Hitze ab, sodass sich die Wunden allmählich schließen. Ich flöße dem Tier Bachblüten ein, sodass es sich entkrampft und der Körper beim Heilvorgang mitarbeitet. Bei Panik und Angst wirken Tropfen sehr schnell, bei Eifersucht und Futterneid dauert die positive Beeinflussung etwas länger.

Mir wurden schon Tiere gebracht, die von Tierärzten bereits aufgegeben worden waren. Oft bekam ich lahmende Sportpferde vorgeführt, für die der Besitzer bereits den Schlachter bestellt hatte. Zeit zur Genesung wird den Pferden oft nicht mehr gegeben.

Menschen, die über mehr Mitgefühl verfügen, bringen die Tiere zu mir und wir helfen ihnen, ohne Operation und ohne Spritzen, stattdessen mit Reiki, Tellington-Touch, Bachblüten und kosmischen Symbolen. Wir haben wunderbare Zeichen, die den Schmerz abklingen lassen. Wenn der Schmerz ein wenig gelindert wird, ist es leichter zu heilen.

Tellington-Touch-Methode

Ich habe meine Pferde, darunter drei Ponys, sechs Großpferde und zwölf Haflinger, zumeist einzeln erworben. Zwei habe ich von meiner Freundin Annegret Ast geerbt, der Europa-Instruktorin für Tellington-Touch, eine Diagnose-Methode zum Auffinden des Schmerzes mittels Händen und der nachfolgenden Therapie. Diese Heilkunst wurde aus der Feldenkrais-Methode von Linda Tellington Jones für alle Tiere entwickelt.

Ich lehne die modische Bezeichnung »Pferdeflüsterin« als unseriös ab. Ich bilde Tiere nicht aus oder biege sie zurecht. Ich helfe ihnen nur, wenn ihnen etwas fehlt. Ich richte Tiere nicht ab, versuche nicht, ihnen mittels Reiten und Longieren etwas aufzuzwingen, was nicht ihren Wünschen entspricht, sondern versuche, sie psychisch und physisch fit zu halten. Ich würde mich eher als Tierpsychologin bezeichnen, die den Ursachen von Blockaden und Schmerzen nachgeht. Mit »Flüstern« wird fälschlich die Kommunikation bezeichnet, die zwischen Tier und Mensch erfolgt. Dies geschieht aber nicht vernehmbar, auch nicht leise, sondern still, nur von Seele zu Seele. Es ist ein spirituelles Gespräch.

Bei der Tellington-Touch-Methode gleitet eine Hand ruhig über das Tier, die Finger der anderen Hand drücken sanft über das Fell, Stück für Stück, um den Sitz des Übels, der Blockade, des Schmerzes aufzufinden. Sobald der Druck der Finger dem Tier weh tut, reagiert es darauf und man weiß, wo genau das Übel sitzt. Die Tellington-Touch-Methode bedeutet Kommunikation über die Hände. Sie wirkt seelisch und körperlich aufbauend und ist chiropraktisch, psychologisch und medizinisch wirksam.

Tiere lehren uns das Leben und das Sterben

Der derzeitige Stand meiner Menagerie umfasst einundzwanzig Pferde, einen Esel, vier Schafe, sieben Ziegen, zwei Rinder, vier Gänse mit Jungen, fünfunddreißig Stück Federvieh (Hühner und Hähne), achtzehn Vögel, etwa zwanzig Hasen, ein Meerschwein, etwa fünfundzwanzig Katzen, vier Hunde und ein Schwein. Mit sechs Stück habe ich angefangen, jetzt sind es über hundertfünfzig Tiere.

Oft frage ich mich, wie es dazu kam. Tiere sind für mich kein Ersatz für Kinder, denn ich habe zwei eigene, Marius und Mascha, mit denen ich glücklich bin. Tiere sind für mich auch keine Modeerscheinung wie für manch andere Menschen. Ich möchte auch niemandem beweisen, welch tolle Tierschützerin ich bin, obwohl dies so richtig im Trend liegt. Bei vielen hält sich die Begeisterung aber nicht lang.

Was ist es dann aber bei mir? Es klingt vielleicht überheblich, aber ich bin davon überzeugt, dass es sich bei mir um einen himmlischen Auftrag handelt. Ich kam mit dem Auftrag zur Welt, meine Liebe zum Ganzen – zu den Menschen, Pflanzen, Tieren, zur Natur, ja zum Kosmos – zu zeigen, darüber zu sprechen, dafür zu demonstrieren, sie vorzuleben.

Ich kann und will es nicht ändern. Wenn ich an einen

fremden Ort fahre, sind dort gleich wieder Tiere um mich. Wo immer ich hinkomme, sofort entsteht Kontakt mit Tieren.

Ich denke, ich kann trotzdem genügend Abstand bewahren. Mich beherrschen nicht ausschließlich Emotion und romantische Gedanken. Wenn ein Reh von einem Mähdrescher tödlich verletzt wurde, habe ich die Distanz zu sagen, dass dem Tier keiner mehr helfen kann. Ich gehöre nicht zu jenen, die ein Tier aus falsch verstandener Liebe unbedingt weiter behandeln wollen, selbst wenn es aussichtslos ist. Ich verteidige auch nicht den so genannten »Killerhund«, der einem Kind unprovoziert etwas zuleide tut. Die Wiederholungsgefahr ist äußerst groß. Dem »Killerhund« würde es wesentlich mehr Qual bereiten, sein weiteres Leben in einem Zwinger verbringen zu müssen, als eingeschläfert zu werden. Wenn bei einem Tier, von Schmerzen überwältigt, der Blick schon getrübt ist, die Kräfte aufgebraucht sind, dann muss die Liebe zu diesem Tier mir auch sagen, dass ich es einschläfern lassen kann. Völlig falsch ist es, dieses Tier nicht loszulassen, nur weil man den Schmerz des Alleinseins nicht erträgt. In diesem Fall hält man es für sich selber fest und quält es dabei.

Es ist schwer zu glauben, aber unsere Tiere können sich aussuchen, wann sie sterben wollen. Meistens spüre ich diesen Moment. Ich verabreiche ihnen Bachblütentropfen, wodurch ihnen die Entscheidung gegeben wird, zu bleiben oder zu gehen. Sie müssen loslassen können, um einen neuen Weg zu beschreiten. Drei Blüten, die ich dem Tier einträufle, bewirken, dass es entweder aufsteht und fröhlich weiterlebt oder sich für den Tod entscheidet. Dies ist zu respektieren. Ich unternehme nichts gegen den Willen des Tieres. Ich zwinge es nie, an einem Tag zu reiten, an dem es sich nicht gut fühlt.

Wenn man mit Tieren lebt, lernt man den Tod anders zu sehen. Die meisten unserer Tiere sind vor dem Fleischhauer gerettet worden. Somit habe ich bei jedem Tier, das bei uns stirbt, das Gefühl, ihm noch ein schönes Leben geschenkt zu haben. Bei uns dürfen Vierbeiner eines normalen Alterstodes sterben. Das Tier lässt dann los, ohne Panik zu haben.

Tiere lehren den Menschen das Leben und das Sterben. Sie lehren uns die Dinge zu nehmen, wie sie sind. Sie wehren sich nicht ständig, sie jammern nicht, auch dann nicht, wenn ihnen etwas weh tut.

Ich setze mich für Menschen genauso ein wie für Tiere. Ich würde aber niemals ein Tier für einen Menschen im Stich lassen. Ich hatte oft genug Freunde, die mich aufforderten, mich zwischen ihnen und den Tieren zu entscheiden. In jedem dieser Fälle war es ganz klar, von wem ich mich trennen wollte. So sehr kann ich einen Mann gar nicht lieben, dass ich meine Tiere für ihn aufgeben würde.

Vegetarisch essen – ja oder nein?

Ich esse sehr gerne und bin wahrlich kein Asket. Aber ich esse nicht oft Fleisch, höchstens einmal im Monat. Auch in meiner Kindheit gab es bei uns höchstens einmal in der Woche Fleisch, hauptsächlich, wenn mein Vater zu Hause war. Das empfanden wir als ganz natürlich. Meine Mutter hat darauf bestanden, dass wir Kinder gelegentlich Fleisch bekamen, und wenn es nur faschierte Laibchen waren. Dies sei für unseren Aufbau wichtig. Fisch fürs Hirn, Fleisch für die Knochen, Gemüse für die Seele, sagte sie.

Ich kann nicht behaupten, dass Fleisch mir nicht schmeckt, aber mein Gewissen mahnt mich: »He, mach dir doch gebackene Melanzani, die schmecken genauso gut wie ein Schnitzel!«

Ich esse kein Wild, kein Kalb, kein Rind, keine Gans, ab und zu ein Hühnchen und einmal im Monat vielleicht ein Schweinskotelett. Und das teile ich noch mit den Katzen. Ich verzehre höchstens ein halbes Kilo Fleisch im Jahr und ich ziehe Käse der Wurst vor. Nur wenn meine Familie oder Freunde möchten, koche ich auch Fleisch. Zu Weihnachten gibt es Truthahn, es muss so sein, das ist ein Ritual. Das erwarten alle fünfzehn Gäste, die zu Weihnachten zu uns kommen, meine Kinder, Lehrlinge, gute Freunde.

Diesen einen Truthahn pro Jahr, der für uns sterben muss, verzeiht mir der liebe Gott. Denn er wird mit Liebe und Ehrfurcht gegessen, wobei ich meistens nur Rotkraut mit Knödeln oder Reis zu mir nehme. Wichtig ist, dass man sich für jede Mahlzeit bedankt. Indianer haben das Tier vom Huf bis zum Fell genutzt und sich ehrfürchtig davor verneigt. Bei uns werden dagegen mindestens sechzig Prozent vom Tier weggeworfen, während gleichzeitig jede Minute ein Kind verhungert. Wir werfen tonnenweise Lebensmittel weg. Das ist doch absurd! Auch ein Eskimo verwertet heute noch alles, was ein Tier ihm gibt. Und er bedankt sich jedes Mal bei dem Tier, das er eben geschlachtet hat. Er denkt, dass die Geister der Tiere bei ihm bleiben, dafür erweist er ihnen Achtung und Respekt. Mir waren diese Überlegungen und Anschauungen von Anfang an bewusst und ich habe immer versucht, danach zu leben.

Es muss nicht sein, dass man kein Fleisch isst. Aber in Maßen und mit Dankbarkeit. Ich muss nicht in der Früh mit der Wurstsemmel anfangen und am Abend mit dem Schweinsschnitzel aufhören. Ich hoffe, dass die Menschheit langsam beginnt umzudenken und weniger Fleisch verzehrt.

Es muss und wird weitergehen

2007, das Jahr, in dem dieses Buch geschrieben wurde, war ein besonders schwieriges Jahr. Ich geriet in ein finanzielles und damit auch in ein seelisches Tief, das heftiger war als alle Unbill, die ich bisher gekannt hatte. Ich war im Frühjahr absolut am Limit meiner Kräfte. Für gewöhnlich verweile ich nie lange in einer Depression, üblicherweise komme ich ganz schnell wieder auf die Beine. In diesem Frühjahr war ich aber bereits auf dem Weg alles aufzugeben. Die Vernunft riet mir aufzuhören, da mir Sorgen und Schulden über den Kopf wuchsen. Ich fühlte mich überfordert und stand kurz vor dem Zusammenbruch. Im kalten März hat es tagelang geregnet, dann sogar noch einmal geschneit. Als der Schnee verschwand, versank der ganze Hof im Schlamm, der Kanal war verstopft, Abwasser drang ins Haus, in den Stall, in die Reithalle. Es bestand keine Chance auf Besserung. Es regnete und schneite in einem fort. Das ging so bis Ende März. Dann fegte mir der liebe-

voll »Kyrill« genannte Orkan, ein Sturm mit Spitzengeschwindigkeiten bis zu 150 km/h, viele Schindeln vom Dach und riss die Holzzäune rund ums Gehöft aus ihrer Verankerung. Das war zu viel! Ich rief um Hilfe.

Schon im August 2006 war im österreichischen Magazin »News« ein Artikel mit dem zutreffenden Titel »Kulis Erbe ist verfüttert!« erschienen. Denn es stimmte, ein Gnadenhof ist ein Betrieb, der nur kostet und keinen Ertrag erwirtschaftet. Den Artikel, der mein erster Hilferuf an die Öffentlichkeit war, haben von »Bild« bis »Goldene Post« fast alle deutschen Boulevardzeitungen übernommen. Er war ein Appell, eine Bitte, mir zu helfen, um den Tieren weiter helfen zu können. Die finanzielle Not war und ist groß. Mein Telefon wurde abgestellt, ausstehende Zahlungen ans Finanzamt, angeblich fehlende Lohnsteuern für meine Lehrlinge, Schulden bei der Gebietskrankenkasse wurden eingemahnt. Liebenswürdige Beamte stundeten, wo es nur möglich war. Ich musste meinen letzten Arbeiter entlassen, da ich ihn nicht mehr bezahlen konnte. Nun mussten ich und Mascha, mittlerweile achtzehn Jahre alt, auch wieder schwere Arbeiten verrichten wie Stallausmisten, Mistführen, Scheibtruhen fahren. Ja, auch mein Misthaufen war den Landesbehörden plötzlich nicht mehr »biologisch« genug, sie trugen mir auf, ihn um teures Geld umzubauen und ihn gänzlich mit einer hohen Betonverschalung zu verkleiden. Was hätten die Bauern früher zu derartigen Auflagen gesagt?

Die finanziellen Sorgen nahmen kein Ende. Der Hilfeschrei an die Öffentlichkeit wirkte. Als Erste hat mir Meggie Entenfellner von der österreichischen »Kronen-Zeitung« eine Ladung Dosenfutter für Katzen zukommen lassen. Bauern der Umgebung brachten mir Heu und anderes Tierfutter. Der Vater von Freunden überraschte mich mit einer Gratisfuhre weißen Kies für meinen wieder getrockneten Hof. Kleine Spenden gingen auf mein Konto ein. Ob es reichen wird?

Vor allem wird der Fortbestand des Amselhofes davon abhängen, wie stark ich selber bleiben kann!

In jenen morastigen Tagen war ich derart verzweifelt, dass ich mich auf einen Strohballen fallen ließ und nur noch heulte. Natürlich war ich mit meinen Tränen dorthin gegangen, wo mich nur meine Tiere sehen konnten. Niemand anderer durfte mich in meiner Verzweiflung zu Gesicht bekommen. Denn wenn meine letzten Helfer und meine Tochter bemerkten, dass ich zusammenbreche, würden sie auch aufgeben. Lange habe ich geweint und meine Eltern im Himmel um Hilfe und Zuspruch angefleht. Dann ging ich zur Abendrunde, um meine Tiere vor der Nacht noch einmal zu füttern.

Es war ein hässlicher kalter Tag gewesen. Als ich nach getaner Arbeit aus dem Stall heraustrat, hörte ich in der Luft ein seltsames Klappern. Ich wendete meinen Blick nach oben und sah einen Storch auf unserer Reithalle sitzen. Und dann auf dem alten kaputten Birnbaum, der nur noch als Skelett und als Nistplatz für Vögel und Insekten und als Reibebaum für Pferde und Schweinchen auf dem Gelände hinterm Pferdestall steht, einen zweiten! Da empfand ich auf einmal so unendlich viel Freude, es wurde hell um mich, aller Jammer war wie weggeblasen.

Störche sind bei uns im Waldviertel ganz seltene Gäste. Auch diese beiden mussten sich verirrt haben, sie waren am nächsten Tag wieder verschwunden. In diesem kurzen Moment der Rast auf meinem Hof aber waren sie für mich wie zwei Strickleitern, an denen ich mich hinaufziehen konnte.

Und sie waren mir ein himmlisches Zeichen. Als ich mich aufgerappelt hatte, war ich sicher, dass nun liebevolle, tierliebende Menschen kommen würden, um mir weiterzuhelfen. Die ersten Störche im Waldviertler Frühling haben mich aus dem Schattenreich herausgeholt. Ich weiß jetzt: Es muss und es wird mit dem Amselhof weitergehen.